科学出版社"十三五"普通高等教育本科规划教材

水生动物医学专业系列教材

水生动物病原微生物学实验

张庆华　主　编

U0263915

科　学　出　版　社
北　京

内 容 简 介

全书分三部分,第一部分为水生动物病原微生物学基本实验技术,第二部分为水生动物病原微生物学综合型和研究型实验,第三部分为水生动物病原微生物的免疫学检测。全书图文并茂,书后附有详细的附录和参考书目,供读者查阅和参考。

本书适合于高等院校水生动物医学、水产养殖、水族等专业及生命科学专业的本科生和研究生学习使用,也可供相关高校、科研院所、管理与生产单位从事教学、科研、生产和管理的人员查阅参考。

图书在版编目(CIP)数据

水生动物病原微生物学实验 / 张庆华主编. —北京:
科学出版社,2018.11
科学出版社"十三五"普通高等教育本科规划教材
水生动物医学专业系列教材
ISBN 978 - 7 - 03 - 059184 - 5

Ⅰ.①水... Ⅱ.①张... Ⅲ.①水生动物-动物疾病-病原微生物-实验-高等学校-教材 Ⅳ.①S94-33

中国版本图书馆 CIP 数据核字(2018)第 245274 号

责任编辑:朱 灵 / 责任校对:谭宏宇
责任印制:黄晓鸣 / 封面设计:殷 靓

科学出版社 出版
北京东黄城根北街 16 号
邮政编码:100717
http://www.sciencep.com
南京展望文化发展有限公司排版
广东虎彩云印刷有限公司印刷
科学出版社发行 各地新华书店经销

*

2018 年 11 月第 一 版 开本:787×1092 1/16
2024 年 1 月第十次印刷 印张:9.5
字数:250 000

定价:40.00 元
(如有印装质量问题,我社负责调换)

《水生动物病原微生物学实验》编委会

主　编｜张庆华

副主编｜郭　婧

编　委｜（以姓氏笔画排序）
张庆华（上海海洋大学）
金　珊（宁波大学）
郭　婧（上海海洋大学）
黎睿君（大连海洋大学）

前　言

2013年3月，上海海洋大学获教育部批准设立国家控制布点的新专业——水生动物医学，专业代码：090604TK。该专业的设立，也是应农业农村部的要求重点支持培育的特色优势专业，为国内首个水生动物疾病防控领域的本科专业。水生动物病原微生物学是该专业的专业基础课，2014年学校在对该专业核心课程进行梳理时，将《水生动物病原微生物学》列为核心课程群的课程之一，确定了该课程在水生动物医学专业中的重要地位。2015年遴选为校级重点课程建设项目，经过2年的建设，2017年又作为上海市重点课程建设项目，鉴于其对本科生在专业能力提升方面的重要作用，提出了加紧建设的要求，当下之急，是进行理论和实验教材的建设。承蒙学校和学院领导的大力支持，在2016年通过申报遴选获科学出版社"普通高等教育'十三五'规划教材"的立项。在近2年的课程建设及教材编写过程中，编写及修订了新的实验教学大纲，调整了内容，编写《水生动物病原微生物学大实验讲义》，使该课程的内容既注重微生物学的基础技能的训练，又突出该专业的特色。

随着对执业兽医制度的大力推进，考虑到水生动物执业兽医人才的匮乏，2014年教育部又在大连海洋大学批准设立了水生动物医学专业，其他海洋、水产类高校也在积极筹备中。因此，针对新专业的教材编写迫在眉睫。为进一步提高本教材的质量和实用性，邀请了大连海洋大学水产与生命学院黎睿君博士和宁波大学海洋学院的金珊教授作为编委。本教材在充分保证学生扎实掌握普通微生物学实验的基础上，添加水生动物病原微生物学最核心的内容，既强调基础，又注重专业技能的培养和训练。另外，考虑到使用本教材的各高校对于学时数和免疫学技术的掌握不同，在前面两部分内容的基础上又增加了病原微生物的免疫学技术检测实验，可供条件成熟的高校选做，因此形成目前的三部分内容共24个实验。第一部分，水生动物病原微生物学基本实验技术，共13个实验。强调微生物学实验的基础，涵盖了显微镜使用、细菌的简单染色、鉴别染色，常见微生物的形态及菌落比较，微生物常用器材的洗涤、包装及灭菌以及培养基的制备等。在此基础上，循序渐进，进一步了解微生物纯种分离、移植与计数的方法，细菌的生长表现及运动力检查、细菌的生化试验、理化因子对微生物生长的影响、细菌药物敏感试验（K-B纸片扩散法）以及大肠杆菌生长曲线的制作等。第二部分,水生动物病原微生物学综合型和研究型实验,共 6 个实验。吸取近年来在科研上及教学改革创新上的部分成果,体现目前最新研究热点。如利用造成弧菌病的病原——副溶血弧菌进行的细菌毒力的测定,即半数致死剂量的测定;利用科赫法则进行淡水鱼类常见的败血症的主要病原——嗜水气单胞菌和海水养殖的支柱产业之一的刺参腐皮综合症的病原——灿烂弧菌的人工感染及分离鉴定;对主要海水经济鱼类——大黄鱼体表及肠道菌群进行分离、鉴定及保藏;对白斑综合征病毒(WSSV)进行跨宿主感染试验及锦鲤疱疹病毒的细胞培养、人工感染及特异性 PCR检测等。这些实验项目的设置,旨在让学生充分理解实验原理的基础上,解决生产实践中细菌和病毒性疾病感染的实际问题,牢固专业基础,开拓专业思想。第三部分,水生动物病原微生物的免疫学检测,共 5 个实验。将经典的免疫学检测技术,如凝集试验和沉淀试验以及逐步发展起来的酶联免疫吸附试验(ELISA)、荧光抗体技术以及免疫印迹等方法用于水生动物病原微生物的检测,体现了免疫学检测技术从诞生开始,在众多领域的实际应用效果突出,在水生动物病原微生物领域也不例外,相信将来也必将有更广泛的应用。综上所述,《水生动物病原微生物学实验》讲义在试用的过程中内容不断更新和完善,历经多次修改,终于完稿。

　　全书图文并茂,第一部分和第二部分的绝大多数实验项目中附有实验操作和实验结果的图片,方便大家理解具体的操作步骤和过程以及正确对照自己的实验结果。书后附有详细的附录和参考书目,供读者查阅和参考。本书适合于高等院校水生动物医学、水产养殖、水族等专业及生命科学专业的本科生和研究生学习使用,也可供相关高校、科研院所、管理与生产单位从事教学、科研、生产和管理的人员查阅参考。对于同行而言,也是一本有价值的参考书。

　　在编写过程中,得到上海海洋大学水产与生命学院领导及各参编单位及其领导的大力支持,硕士研究生周泽斌同学帮助进行了文字校对及部分插图的整理工作,在此一并表示感谢!

　　由于能力和水平有限,错误之处在所难免,恳请读者不吝赐教和批评指正。

编　者

2018 年 5 月

目　录

第三部分　水生动物病原微生物的免疫学检测

附　　录

第一部分

水生动物病原微生物学基本实验技术

第一部分,水生动物病原微生物学基本实验技术,共 13 个实验。强调微生物学实验的基础及无菌操作技术,涵盖了显微镜使用、细菌的简单染色、鉴别染色,常见微生物的形态及菌落比较,微生物常用器材的洗涤、包装及灭菌以及培养基的制备。在此基础上,循序渐进,进一步了解微生物纯种分离、移植与计数的方法,细菌的生长表现及运动力检查、细菌的生化试验、理化因子对微生物生长的影响、细菌药物敏感试验(K-B 纸片扩散法)以及大肠杆菌生长曲线的制作等。

实验一 显微镜的构造与使用

【实验目的】

1. 了解普通光学显微镜的基本构造和原理。
2. 掌握正确使用显微镜油镜的方法。

【实验内容】

1. 学习普通光学显微镜的基本构造和原理。
2. 使用普通光学显微镜的油镜观察细菌的基本形态。

【实验材料与仪器用品】

1. 实验材料

细菌标本：金黄色葡萄球菌（*Staphylococcus aureus*）和大肠杆菌（*Escherichia coli*）的封片标本。

二甲苯、香柏油等。

2. 仪器用品

普通光学显微镜、擦镜纸等。

【实验原理】

由于微生物个体微小，肉眼很难看到其个体形态特征，需要借助显微镜来研究微生物。被称为"微生物学之父"的荷兰科学家安东尼·列文虎克（Antonie van Leeuwenhoek，1632—1723）发明了第一架单式显微镜，揭开了微生物世界的奥秘。随着科学技术的不断发展，显微镜的光源已从可见光扩展到紫外线；而非光源电子显微镜的发明，大大提高了显微镜的分辨率和放大率。利用显微镜，可以观察真菌、细菌、病毒及亚病毒的形态和构造。

除了暗视野显微镜和相差显微镜可用于直接观察活的细菌细胞外，其他普通光学显微镜主要用于观察染色后的细菌细胞。

1. 普通光学显微镜的基本构造

现代普通光学显微镜由目镜和物镜两组透镜系统来放大成像，因此属于复式显微镜。主要由机械装置和光学系统两大部分组成。

机械装置：镜座、镜臂、镜筒、物镜转换器、镜台、调焦装置。

光学系统：目镜、物镜、聚光器、反光镜。

（1）目镜

目镜的功能是把经物镜放大的物相再次放大。目镜的放大倍数有 5x、10x、15x。

（2）物镜

物镜有低倍（4x，10x）、中倍（20x）、高倍（40～65x）和油镜（90x～100x）。油镜上刻有

"OI"或"HI"字样,也有一圈红线或黑线为标记。

（3）聚光器

聚光器起汇聚光线的作用,可上下移动。用低倍镜时聚光器应下降,当用油镜时聚光器应升到最高位置。聚光器下方有可变光圈,用以调节光强度和数值孔径 NA。在观察较透明的标本时,应缩小光圈,分辨率虽有下降,但增加反差。

（4）反光镜

反光镜的功能是采集光线,并将光线射向聚光器。反光镜有平、凹两面,光源较弱时用凹面。

2. 普通光学显微镜的使用原理

在显微镜的光学系统中,物镜的性能最为关键,直接影响显微镜的分辨率。普通光学显微镜通常配置低倍(4x,10x)、中倍(20x)、高倍(40～65x)和油镜(90x,100x)四种物镜,其中以油镜的放大倍数最高,对微生物学研究最为重要。与其他物镜相比,油镜的使用方法比较特殊,需要在载玻片和镜头之间加香柏油,用以增加照明亮度和显微镜的分辨率。

油镜的放大倍数可达 100 倍,焦距短,直径小,所需要的光照强度大。承载标本的玻片透过来的光线,因介质密度的差异(从玻片进入空气,再进入镜头)造成有些光线因折射和全反射不能进入镜头,因射入的光线较少,物像会显现不清。所以,为了减少光线的损失,在使用油镜时必须在油镜与玻片之间加入与玻璃的折射率($n = 1.55$)相仿的镜油,如香柏油(其折射率 $n = 1.52$)。由此可见,香柏油可以增加照明亮度。

显微镜的分辨率(resolution)或分辨力(resolving power)是指显微镜能辨别两点之间的最小距离的能力,最小分辨距离(D)越小,分辨率越高。从物理学角度看,光学显微镜的最小分辨距离受光的干涉现象及所用的物镜性能的限制,可表示为:

$$D = 0.61\lambda/NA \qquad (\lambda:入射光波长,NA:物镜数值孔径)$$

光学显微镜的光源为可见光,波长范围在 0.4～0.7 μm,而数值孔径值取决于物镜的镜口角和玻片与物镜间介质的折射率,可表示为

$$NA = n\mathrm{Sin}(\alpha/2) \qquad (n:物镜与标本间介质的折射率,\alpha:镜口角)$$

镜口角取决于物镜的直径和工作距离,一般来说,在实际应用中物镜的镜口角最大只能达到 120°。由于香柏油的折射率(1.52)比空气(1.00)和水的折射率(1.33)要高,因此以香柏油作为镜头与玻片之间介质的油镜所能达到的数值孔径值(NA 一般在 1.2～1.4)要高于低倍镜、高倍镜(NA 值都低于 1.0)。若以可见光的平均波长 0.55 μm 来计算,数值孔径通常在 0.65 左右的高倍镜只能分辨出距离不小于 0.4 μm 的物体,而油镜的分辨率却可达 0.2 μm 左右。由此可见,香柏油可以增加分辨率。

以下照片分别是尼康光学显微镜(Nikon YS100)的正面观(图 1-1)、侧面观(图 1-2)和背面观(图 1-3)。

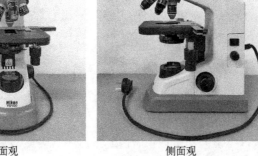

正面观　　　　　　　　　侧面观　　　　　　　　　背面观

图 1 − 1　Nikon YS100 光学显微镜

【实验方法】

普通光学显微镜的使用主要包括调节光源、放置标本、调焦和观察(低倍、高倍和油镜)、显微镜用后的处理等四个环节。

1. 调节光源

1）将低倍镜转到工作位置,上升聚光器,将可变光圈完全打开,转动反光镜采光。
2）调节聚光器和物镜数值孔径相一致。

2. 放置标本

上升镜筒,放置好标本,再降下低倍物镜,使其下端接近于玻片。

3. 调焦和观察

1）先转动粗调节螺旋,逐渐上升镜筒直到看见模糊物像。
2）再转动细调节螺旋,直至物像清晰为止。

4. 用高倍镜观察

1）在低倍镜下寻找视野。
2）转换高倍镜。
3）调焦并观察。

5. 用油镜观察细菌

1）放置标本,然后在低倍镜下寻找合适的视野。
2）换油镜、调节聚光器与油镜数值孔径相一致。
3）加香柏油、调焦并观察。

6. 显微镜用毕后的处理

1）观察完毕，提升镜筒，取下玻片。

2）清洁显微镜和搁置物镜。先用擦镜纸拭去镜头上的油，接着用另一张擦镜纸蘸少许二甲苯擦去镜头上残留的油迹，最后用干净擦镜纸再擦拭两遍以除去残留的二甲苯。涂片处香柏油的处理与此相同。（注意：不要过量使用二甲苯，以免其残留在镜头上影响观察。）

3）去除细菌涂片上的香柏油。

【注意事项】

1. 切勿单手拎提显微镜，搬动时须双手抱在胸前，一手握住镜臂，另一手托着镜座，保持镜身直立。

2. 切忌用手涂抹各个镜面，以免镜面沾上油渍、汗渍等。

3. 用二甲苯擦镜头时，用量要少，不宜久抹，以防透镜上的树脂被溶解。

4. 切勿用乙醇擦镜头和支架。

5. 油镜的工作距离很短，操作时要谨慎，切忌用眼睛对着目镜边观察边下降镜筒，以免油镜头压碎玻片，导致油镜头刮划受损，应从显微镜的侧面用眼睛观察，缓缓下降镜筒，然后小心地寻找观察视野。

【实验报告】

根据观察结果，绘制金黄色葡萄球菌(*Staphylococcus aureus*)和大肠杆菌(*Escherichia coli*)的形态图，并描述其形态特点。

【思考题】

1. 用油镜观察时应注意哪些问题？

2. 在载玻片和镜头之间滴加香柏油有什么作用？

3. 影响显微镜分辨率的因素有哪些？

4. 如何根据所观察的微生物大小选择合适的物镜进行有效的观察？

【细菌的油镜观察实例】

扫一扫看彩图

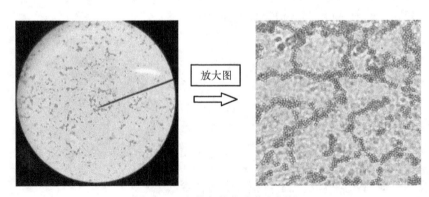

放大图

图 1-2　金黄色葡萄球菌(球状)

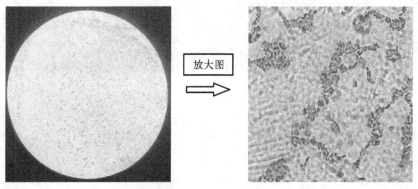

扫一扫看彩图

图 1-3　大肠杆菌(杆状)

实验二 细菌的涂片及简单染色法

【实验目的】

1. 学习微生物涂片、染色的基本技术,掌握细菌的简单染色法。
2. 初步认识细菌的形态特征。
3. 巩固显微镜(油镜)的使用方法和无菌操作技术。

【实验内容】

1. 蜡状芽孢杆菌(*Bacillus cereus*)、金黄色葡萄球菌(*Staphylococcus aureus*)的简单染色。
2. 普通光学显微镜下蜡状芽孢杆菌、金黄色葡萄球菌的形态观察。

【实验材料与仪器用品】

1. 实验材料

菌株:蜡状芽孢杆菌、金黄色葡萄球菌(12~18 h 营养琼脂斜面培养物)。

2. 仪器用品

普通光学显微镜、酒精灯、载玻片、接种环、香柏油、二甲苯、擦镜纸、吸水纸和玻片搁架等;吕氏碱性美蓝染液(或石炭酸复红染液)。

【实验原理】

1. 简单染色法

细菌的染色方法分为简单染色法(又称一般染色法)和复杂染色法(又称特殊染色法或鉴别染色法)两大类。简单染色法是利用单一染料对细菌进行染色。细菌细胞小而透明,在普通光学显微镜下不易识别,只有在染色后与背景形成明显的色差,从而观察到细菌的形态,适用于菌体一般形状和细菌排列的观察。

2. 生物染色染料

用于生物染色的染料主要有碱性染料、酸性染料和中性染料三大类。

常用碱性染料进行简单染色,主要因为细菌蛋白质等电点较低,当它生长于中性、碱性或弱酸性的培养基中时常常带负电荷,而碱性染料在电离时,其分子的染色部分带正电荷(酸性染料电离时,其分子的染色部分带负电荷),因此碱性染料(如美蓝、结晶紫、碱性复红或孔雀石绿等)染色部分很容易与细菌结合使细菌着色,便于细菌形态结构的观察。

当细菌分解糖类产酸使培养基 pH 下降时,细菌所带正电荷增加,此时可用酸性染料(如伊红、酸性复红或刚果红等)进行染色。

中性染料是两者的中和,又称为复合染料,常见的有伊红美蓝、伊红天青等。

【实验方法】

简单染色法主要包括涂片、干燥、固定、染色、水洗、干燥、镜检、清理等步骤。

1. 涂片

取洁净无油腻的载玻片,滴一小滴(或用接种环挑取 1~2 环)蒸馏水,用无菌接种环挑取少量菌体与水滴充分混匀,涂成极薄的菌膜,面积约 1 cm²。

注意:载玻片一定要洁净无油;滴蒸馏水和挑取菌体不宜过多;涂片要均匀,不宜过厚。

2. 干燥

室温自然干燥。

3. 固定

涂片朝上,通过微火 3 次(右手持过火后的细菌涂片,反面置于自己的左手手背上,以不烫手背为宜,否则会改变甚至破坏细胞形态)。此操作称为热固定,目的是使细胞质凝固,以固定细胞形态,使之牢固附着在载玻片上。

4. 染色

待载玻片冷却后,置于玻片搁架上,滴加美蓝染液(或石炭酸复红染液)于菌膜部位,染液以刚好覆盖涂片薄膜为宜,染 1~2 min。

5. 水洗

倾去染色液,用洗瓶(或自来水)冲洗,自玻片一端缓缓流向另一端,冲去染色液,直至流下的水无色为止。

注意:冲洗过程中不能直接冲洗菌膜部位,水流不宜过急过大,防止涂片薄膜脱落。

6. 干燥

自然干燥,或用电吹风吹干,也可用吸水纸吸干。

7. 镜检

用油镜观察并绘制细菌形态图。

8. 清理

将染色片放入含有 5%苯酚的废片缸中,统一处理。

【实验报告】

根据观察结果,绘制两种细菌的形态图,注明放大倍数,并描述它们的排列方式,比较两种细菌形态的不同。

【思考题】

1. 在进行细菌涂片时应注意哪些环节?

2. 涂片为什么要经过热固定处理? 如果加热温度过高,会造成什么结果?

3. 为什么等制片完全干燥后才能用油镜观察?

【简单染色的结果图片实例】

扫一扫看彩图

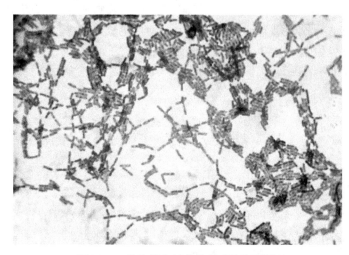

图 2-1　蜡状芽孢杆菌的美蓝染色图片

实验三　细菌的复杂(鉴别)染色法

【实验目的】

1. 了解革兰氏染色的原理。
2. 掌握革兰氏染色的操作方法。
3. 学习并掌握芽孢染色法。
4. 初步了解芽孢杆菌的形态结构。
5. 学习掌握细菌荚膜染色的方法。
6. 学习掌握细菌鞭毛染色的方法。
7. 学习观察细菌的运动力。

【实验内容】

1. 对大肠杆菌(*Escherichia coli*)、金黄色葡萄球菌(*Staphylococcus aureus*)进行革兰氏染色,并观察其形态结构,依照革兰氏染色法对细菌进行定性。
2. 对枯草芽孢杆菌(*Bacillus subtilis*)进行芽孢染色,观察并记录芽孢及菌体形态。
3. 对褐球固氮菌(*Azotobacter chroococcus*)进行荚膜染色,观察细菌形态,并比较不同荚膜染色法的优缺点。
4. 对普通变形杆菌(*Proteus vulgaris*)和嗜水气单胞菌(*Aeromonas hydrophilia*)进行鞭毛染色,观察细菌鞭毛形态。

【实验材料及仪器用品】

1. 实验材料

菌株:大肠杆菌(*Escherichia coli*)、金黄色葡萄球菌(*Staphylococcus aureus*)(约18 h营养琼脂斜面培养物)

枯草芽孢杆菌(*Bacillus subtilis*)(约48 h营养琼脂斜面培养物)

褐球固氮菌(*Azotobacter chroococcus*)(约48 h无氮培养基斜面培养物)

普通变形杆菌(*Proteus vulgaris*)、嗜水气单胞菌(*Aeromonas hydrophilia*)(约15~18 h营养琼脂斜面培养物)

2. 仪器用品

普通光学显微镜、酒精灯、载玻片、接种环、香柏油、二甲苯、擦镜纸、吸水纸和玻片搁架等。

革兰氏染色:结晶紫染色液、碘液、95%乙醇、沙黄复染液。

芽孢染色:孔雀石绿染液、0.5%沙黄染色液。

荚膜染色:绘图墨水、1%甲基紫水溶液、6%葡萄糖水溶液、20%硫酸铜水溶液、甲醇。

鞭毛染色:无菌水、硝酸银鞭毛染色液、Bailey氏染色液、Leifson氏染色液。

【实验原理】

简单染色法适用于一般的微生物菌体的染色,但有些微生物具有某些特殊的结构,如芽孢、荚膜和鞭毛等,若要对它们进行观察,就需要进行复杂的针对性染色。复杂染色法是用两种或两种以上的染液进行染色,有协助鉴别细菌构造的作用,故又称鉴别染色法。常用的复杂染色有革兰氏染色、芽孢染色、荚膜染色和鞭毛染色。

1. 革兰氏染色法

革兰氏染色法是由丹麦病理学家 Christain Gram 于 1884 年创立的,通过后期学者进行改进后,成为目前细菌学上最常用和最重要的鉴别染色法。

革兰氏染色法的主要步骤是先用结晶紫初染,再用碘液媒染,然后用脱色剂(乙醇或丙酮)脱色,最后用复染剂(沙黄或番红)复染。如果细菌保留初染剂的颜色(紫色)而没有被脱色的话,那该细菌为革兰氏阳性菌,相反,若细菌被脱色后呈现复染剂的颜色(红色),那么该细菌为革兰氏阴性菌。

革兰氏染色法之所以能将细菌分为革兰氏阳性(G^+)和革兰氏阴性(G^-),主要是因为这两种细菌的细胞壁结构和组成不同。当用结晶紫进行初染时,如简单染色,细菌都会被染成蓝紫色。碘液作为媒染剂,能和结晶紫结合形成结晶紫-碘的复合物,增加染料与细胞的亲和力。当脱色剂脱色处理时,由于革兰氏阳性菌的细胞壁的主要成分是网状结构的肽聚糖,而且细胞壁厚,类脂含量低,用乙醇(或丙酮)脱色时细胞壁脱水,肽聚糖层的网状结构孔径缩小,透性降低,从而使得细菌保留了初染剂的蓝紫色;革兰氏阴性菌的细胞壁肽聚糖层较薄,而且类脂含量高,脱色时类脂被脱色剂溶解,细胞壁通透性增大,使得结晶紫-碘的复合物被洗出,所以,细菌会显现出复染剂的颜色(图 3-1)。

通过革兰氏染色,几乎可以把所有细菌分成 G^+ 和 G^- 两大类,因此是分类鉴定菌种时的重要指标。由于这两类细菌在细胞结构、成分、形态、生理、生化、遗传、免疫、生态和药物敏感性等方面都呈现出明显差异,因此细菌经革兰氏染色后,即可提供不少重要的生物学特性方面的信息。

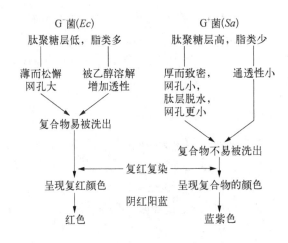

图 3-1　革兰氏染色的原理示意图

2. 芽孢染色法

芽孢又叫内生孢子(endospore),是某些(如芽孢杆菌属和梭菌属)细菌生长到一定阶段在细菌体内形成的圆形或椭圆形抗逆性很强的休眠体。细菌是否产生芽孢以及芽孢的形状、着生位置、芽孢囊是否膨大等特征是细菌分类的重要指标。与正常细胞或菌体相比,具有壁厚、通透性低、不易着色,但一经着色很难被脱色的特点。根据芽孢的这些特点,在芽孢染色过程中除了要用着色力强的染色剂外(如孔雀石绿),还需要通过加热来促进芽孢着色。这样染料既可以进入菌体也可进入芽孢,再通过水洗,使菌体脱色,而芽孢一经染色难以洗脱,当用对比度大的复染液(复红)复染后,菌体呈复染液颜色(红色),而芽孢保留初染液颜色(绿色),这样可将菌体和芽孢区别开来。

3. 荚膜染色法

荚膜是包围在细菌胞外的一层黏液状或胶质状物质,其成分为多糖、糖蛋白或多肽(图3-2)。由于荚膜和染料间的亲和力弱、不容易着色,所以一般采用负染色法染色,使菌体和背景着色,而荚膜不着色,在菌体周围形成一层透明圈,在深色背景下呈现发亮区域。荚膜含水量很高,约在90%以上,所以在制片时不能采用加热的方式干燥。

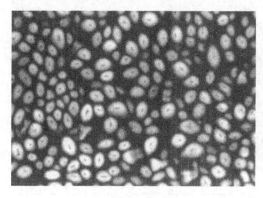 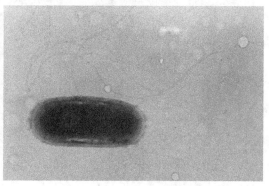

图3-2　细菌的荚膜　　　　　图3-3　嗜水气单胞菌的鞭毛电镜图片

(引自凌云等,2007)

4. 鞭毛染色法

鞭毛是某些细菌的一项特殊形态特征,是细菌的运动"器官",细菌是否具有鞭毛,以及鞭毛着生的位置和数目是细菌的重要形态鉴别指标。细菌的鞭毛很纤细,直径一般为10~20 nm,通常情况下只有电子显微镜才能看到(图3-3),但是,如果采用特殊的染色方法,使之加粗变深后,普通的光学显微镜下就可以看到。鞭毛染色的基本原理是在染色前先将媒染剂沉积在鞭毛上,使鞭毛直径加粗,然后再进行染色。

【实验方法】

1. 革兰氏染色法

革兰氏染色法包括制片、染色(初染、媒染、脱色、复染)、镜检等操作步骤(图3-4)。

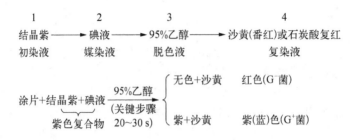

图 3-4 革兰氏染色的步骤及过程

（1）制片

1）常规涂片：取菌株培养物常规涂片、干燥、固定。

2）三区涂片：在玻片的左右两端各滴一滴蒸馏水，分别用无菌接种环挑取少量金黄色葡萄球菌和大肠杆菌于蒸馏水中，混合均匀，涂成较薄菌膜；用无菌接种环分别将两菌膜向中间延伸，在中间区域形成一个两种菌混合的混合区。

（2）染色

1）初染：滴加结晶紫（以刚好将菌膜覆盖为宜）染色 1~2 min，水洗。

2）媒染：滴加碘液，媒染 1~2 min，水洗。

3）脱色：用滤纸吸干残余水分，将玻片倾斜，用滴管滴加 95%乙醇脱色，直至流出的乙醇无紫色时，立即水洗。时间大概 20~30 s。

4）复染：用沙黄复染 1~2 min，水洗。

（3）镜检

干燥后，用油镜观察，将结果记录于表格中。

菌　名	菌体颜色	菌体形态	革兰氏阴性或阳性
大肠杆菌			
金黄色葡萄球菌			

（4）注意事项

1）关键步骤：先甩干，或用吸水纸吸干，95%的乙醇脱色 30 s。

2）涂片薄而均匀。

3）菌种种龄<18 h。

4）各步骤的染色时间。

2. 芽孢染色法

（1）制片

取菌株培养物常规涂片、干燥、固定。

（2）染色

1）初染：加数滴孔雀石绿染色液于涂片上，用木夹子夹住玻片一端，在微火上加热，或者将玻片置于铁架台上进行间接加热，至染料冒蒸汽开始计时，维持约 5 min，注意加热过程中要随时添加染色液，切勿让标本干涸。

待玻片稍冷却后,水洗,直至流出来的水无色为止。

2)复染:用沙黄水染液,复染 2 min,水洗。

(3)镜检

干燥后,用油镜观察,将结果记录于表格中。

染色法	芽孢和菌体的颜色	图示芽孢的形态、大小和着生位置
枯草芽孢杆菌		

3. 荚膜染色法

常用的荚膜染色法有以下三种,其中以湿墨水法比较简便,使用范围较广。

(1)湿墨水法

加一滴墨水于洁净的载玻片上,然后挑取少量菌体与其混合均匀。将一洁净盖玻片盖在混合液上,然后在盖玻片上放一张滤纸,轻轻按压以吸去多余的混合液后镜检。用低倍镜和高倍镜观察,相差显微镜效果最好,灰色背景,菌体颜色较暗,在菌体周围呈现的明亮透明圈即为荚膜。

(2)干墨水法

1)制混合液:加一滴6%葡萄糖溶液于洁净载玻片的一端,然后挑取少量菌体与其混合,再加一环墨水,充分混匀。

2)涂片:另取一端边缘光滑的载玻片作为推片,将推片一端的边缘置于混合液前方,然后稍微向后拉,当推片与混合液接触后,轻轻左右移动,使之沿推片接触的后缘散开,然后以大约30°角迅速将混合液推向玻片另一端,使混合液铺成薄层。

3)干燥:空气中自然干燥,注意不能用火焰干燥。

4)固定:用甲醇浸没涂片固定 1 min,倾去甲醇。

5)干燥:在酒精灯上方用文火干燥。

6)染色:用甲基紫染色 1~2 min。

7)水洗:用自来水轻轻冲洗,自然干燥。

8)镜检:用低倍和高倍镜观察,背景灰色,菌体紫色,菌体周围的清晰透明圈为荚膜。

(3)Anthony 氏法

1)涂片:按常规方法取菌涂片。

2)固定:空气中自然干燥,注意不可加热干燥。

3)染色:用1%的结晶紫水溶液染色 2 min。

4)脱色:以 20%的硫酸铜水溶液冲洗,用吸水纸吸干。

5)镜检:吸干后用油镜观察。菌体呈深紫色,菌体周围的荚膜呈淡紫色。

4. 鞭毛染色法

鞭毛染色的方法很多,常见的有硝酸银染色法、Bailey 氏染色法和 Leifson 氏染色法三种。

（1）硝酸银染色法

1）玻片准备：选择光滑无痕的玻片，最好选用新的，忌用带油渍的玻片（将蒸馏水滴在玻片上，无油渍的玻片能将水均匀涂开）。将玻片在含适量洗衣粉的水中煮沸约20 min，取出后用清水冲洗干净，沥干水分后置于95%乙醇中，使用时取出，用擦镜纸擦拭或火焰上烧去残余乙醇即可使用。

2）制片：用接种环取活化后的斜面培养物数环于盛有1~2 mL无菌水的试管中，制成轻度浑浊的菌悬液。将菌悬液放置于37℃培养箱中静置10 min，让细菌的鞭毛松散开，取一滴菌液于玻片的一端，然后将玻片倾斜，使菌液缓慢的流向另一端，用吸水纸吸去多余的菌液，放在室温下自然干燥。

3）染色：涂片干燥后尽快染色。滴加硝酸银染色液A覆盖3~5 min，用蒸馏水充分洗净后用吸水纸吸净，再滴加B液，用微火加热至冒蒸气，约0.5~1 min，当涂面出现明显褐色时，稍冷却后用蒸馏水冲洗干净。加热过程中注意要及时添加染液，不可干涸。

4）镜检：待自然干燥后，用油镜观察鞭毛。菌体呈深褐色，鞭毛呈浅褐色，通常为波浪形。

（2）Bailey氏染色法

1）玻片准备：方法同硝酸银染色法。

2）制片：方法同硝酸银染色法。

3）染色：涂片干燥后加A液染色5 min，然后倾去，再加B液染色6 min，用蒸馏水将染料冲洗干净。滴加石炭酸复红染液，将玻片放置于恒温金属板上加热，当染色液开始冒蒸气时开始计时1~1.5 min，稍冷却后用蒸馏水清洗干净。自然干燥。

4）镜检：待自然干燥后，用油镜观察鞭毛。菌体和鞭毛呈红色。

（3）Leifson氏染色法

1）玻片准备：方法同硝酸银染色法。

2）制片：菌液配制方法同硝酸银染色法。用记号笔在玻片的反面划线，将玻片划分为3~4个均等的区域，然后分别取一环菌液于每个区域的一端，将玻片倾斜，让菌液流向另一边，多余的菌液用吸水纸或滤纸拭去。自然干燥。

3）染色：加染色液于第一区，使染液完全覆盖住涂片区，隔数分钟后将染料加入第二区，相同间隔时间加入第三、第四区，间隔时间可以自行确定，主要是为了确定最佳染色时间。在染色过程中，仔细观察染液颜色变化，当染料表面出现金色膜而且整个玻片出现铁锈色沉淀时，立即用水轻轻地冲洗干净，以免加深背景的沉淀。自然干燥。

4）镜检：待自然干燥后，用油镜观察鞭毛。菌体和鞭毛呈红色。

【实验报告】

绘制观察到的细菌革兰氏染色、芽孢染色、荚膜染色及鞭毛染色的形态。

【思考题】

1. 革兰氏染色的注意事项有哪些？

2. 你认为在革兰氏染色过程中，最关键的一步是什么，为什么？操作不当会造成哪些后果？

3. 你的染色结构是否正确？若不正确，请简述原因。

4. 革兰氏染色对细菌菌龄是否有要求,若细菌太老或死菌,对结果有什么影响?

5. 简述芽孢染色的原理,一般简单染色能否观察到芽孢? 为什么?

6. 在芽孢染色加热过程中需要注意什么,为什么?

7. 为保证实验结果准确性,在鞭毛染色实验过程中需要注意哪些环节?

【染色的结果图片实例】

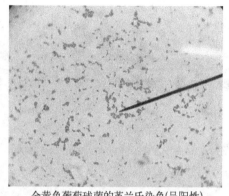

扫一扫看彩图

大肠杆菌的革兰氏染色(呈阴性)　　　金黄色葡萄球菌的革兰氏染色(呈阳性)

图 3-5　大肠杆菌、金黄色葡萄球菌的革兰氏染色结果

实验四　酵母菌的形态学观察及直接计数法

【实验目的】

1. 掌握观察酵母菌的基本方法,并观察其形态特征。
2. 学习并掌握血细胞计数板计数的原理和方法。

【实验材料及仪器用品】

1. 实验材料

菌株:酿酒酵母(*Saccharomyces cerevisiae*)(马铃薯葡萄糖液体培养基的培养物)。

2. 仪器用品

0.1%美蓝染液、普通光学显微镜、血细胞计数板、血盖片、接种环、载玻片、盖玻片等。

【实验原理】

酵母菌是不运动的单细胞真核微生物,其大小通常比常见细菌大几倍甚至十几倍。细胞呈卵球形或椭球形,细胞直径达 5 μm,在低倍显微镜下清晰可见。酵母细胞内有多种细胞器,衰老细胞还有液泡及多种贮藏物,如肝糖粒、异染颗粒和脂肪球等。大多数酵母菌以出芽生殖,少数以分裂进行无性繁殖;有性繁殖则通过结合产生孢子囊。美蓝是一种无毒性的染料,其氧化型呈蓝色,还原型无色。用美蓝对酵母菌的水浸片进行染色时,由于细胞的新陈代谢作用,细胞有较强还原能力,能使美蓝由蓝色的氧化型变为无色的还原型。因此,具有还原能力的酵母活细胞是无色的,而死细胞或代谢作用微弱的衰老细胞则分别呈蓝色和淡蓝色。

血细胞计数法是利用血细胞计数板在显微镜下直接进行测定。其原理是观察固定容积内的微生物的个体数目,然后推算出含菌量。此法所计的数值为样品中的死菌数和活菌数的总和,也称为总菌计数法。因为受到微小杂物的影响,得出的结果可能会偏高。

血细胞计数板是一块特制的厚玻璃片,玻片上有四个槽构成上平台(图 4-1),中央平台又由一短槽隔成两半,其上各刻有一小方格网,每个方格网共分九个大格,中央的大格作为计数用,称为计数室。计数刻度分为两种型号,一种是 25 中格×16 小格,另一种为 16 中格×25 小格,都是由 400 个小格组成(图 4-2)。每个大方格边长为 1 mm,则面积为 1 mm²,盖上玻片后,计数板与血盖片之间的高度为 0.1 mm,所以每个计数室的体积为 $1×0.1=0.1 \text{ mm}^3$,相当于 0.0001 mL。

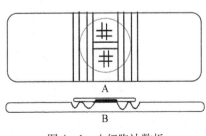

图 4-1　血细胞计数板

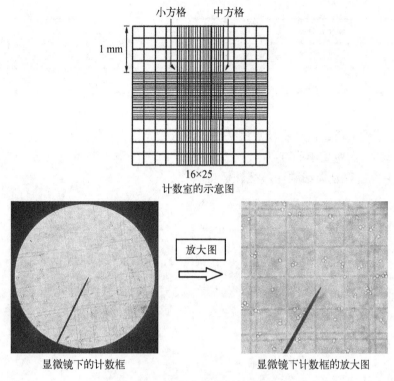

图 4-2 血细胞计数板的计数框

【实验方法】

1. 酵母菌形态学观察及死活的鉴别

在载玻片上滴加 0.1% 美蓝染液,然后用滴管取少量酵母菌菌液,与染液混匀后盖上盖玻片,注意不要有气泡,然后镜检。

2. 血细胞计数板计数

1)将酵母菌悬液进行适当的稀释,若菌液不浓,可不稀释。

2)将清洁干净的血细胞计数板盖上血盖片,用无菌细口滴管将稀释后的酵母菌液由血盖片的边缘滴一小滴(不宜过多),让菌液沿缝隙靠毛细作用自行进入计数室,注意不可有气泡。

3)静置 5 min,镜检。先用低倍镜找到计数室所在位置,然后换成高倍镜进行计数。每个计数室选 5 个中格(一般选择 4 个角和中央的中格)进行计数。对于压线的细胞,一般数上不数下,数左不数右,避免重复计算。求得计数室的平均值后,乘以 25,就得到计数室(大方格)中的总菌数。然后再乘以原来的稀释倍数,换算成 1 mL 菌液中的总菌数。计算公式为:

$$菌落数(CFU/mL) = (x1 + x2 + x3 + x4 + x5)/5 \times 25$$
$$\times 10^4 \times 稀释倍数(n)$$

【实验报告】

每小格中的菌数					平　均　数	菌数（CFU/mL）
1	2	3	4	5		

【思考题】

1. 哪些菌可以通过血细胞计数法来进行计数？为什么？

2. 为什么计数室里不能有气泡，会对结果造成什么影响？

【酵母菌的染色观察及血细胞计数板计数实例】

扫一扫看彩图

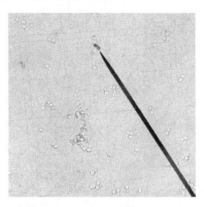

图4-3　美蓝染液区分酵母菌的死细胞和活细胞

蓝色细胞为死亡的酵母菌；无色细胞为活的酵母菌

扫一扫看彩图

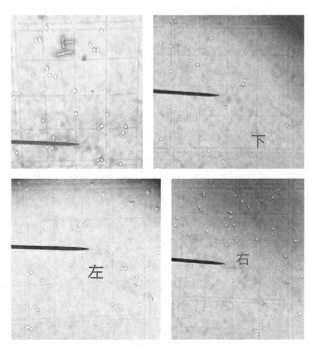

图4-4　计数框内酵母菌细胞的计数

实验五　细菌、放线菌、酵母菌、霉菌的形态及菌落观察

【实验目的】

1. 了解黑根霉、青霉及黑曲霉的个体形态结构。
2. 学会霉菌水浸片的制备及观察方法。
3. 观察和比较四大类菌落(细菌、放线菌、酵母菌、霉菌)的形态特征。

【实验内容】

1. 霉菌水浸片的制作。
2. 观察四大类微生物的菌落标本片,比较其形态特征。

【实验材料及仪器用品】

1. 实验材料

菌株:黑根霉(*Rhizopus nigricans*)、黑曲霉(*Aspergillus niger*)、青霉(*Penicillium* sp.)(马铃薯葡萄糖琼脂培养基(PDA)培养物)。

菌落标本:细菌、放线菌、酵母、青霉、黑曲霉、黑根霉。

2. 仪器用品

普通光学显微镜、培养皿、载玻片、盖玻片、无菌水、接种环、酒精灯、火柴、滤纸;乳酸石炭酸棉蓝染液。

【实验原理】

1. 四大类微生物菌落的识别

微生物具有丰富的物种多样性,在普通光学显微镜下常见的微生物主要有细菌、放线菌、酵母菌和霉菌四大类。除了进行个体形态的观察外,最简便的方法是观察其菌落的形态特征,这对菌种筛选、鉴定和杂菌的识别等实际工作十分重要。混杂样品在进行微生物分离过程中,并不能保证牛肉膏蛋白胨培养基上长的都是细菌,高氏一号培养基上长的都是放线菌,马铃薯培养基上长的都是霉菌。在计数时应将非目的菌排除,在菌种保藏时,在相应的培养基上接种的应是纯化的目的菌,不能把其他杂菌挑入。因此首先必须要对四大类微生物的菌落形态进行识别。

菌落是由某一种微生物的一个或少数几个细胞(包括孢子)在固体培养基上繁殖后所形成的子细胞集团。其形态和构造是细胞形态和构造在宏观层次上的反映,两者有密切的相关性。由于四大类微生物的细胞形态和构造明显不同,因此,所形成的菌落也各不相同,从而为识别它们提供了很好的依据。我们可以根据菌落的形态、大小、色泽、透明度、致密度和边缘等特征来判断微生物的类别。

由于细菌和酵母菌是单细胞微生物,因此菌落(苔)比较湿润,用接种环很容易挑起,且正、反面颜色以及边缘与中央部位的颜色相一致。而放线菌和霉菌有基内菌丝和气生菌丝的分化,表面是比较干燥的孢子,培养基内是营养菌丝,因此正反面颜色以及边缘与中央部位的颜色往往不一致,菌落(苔)表面干燥,不容易被挑起。由此可见,细菌和酵母菌的形态较接近,放线菌和霉菌的形态较接近。由于细菌是原核生物,因而菌落小而薄,表面和侧面形态多样,颜色不一,常有臭味;而酵母菌是真核生物,菌落相对较大,圆形,边缘整齐,多为乳白色或矿烛色,少数为红色,个别为黑色。不产假菌丝的酵母菌,其菌落更为隆起,边缘极为圆整;产生大量假菌丝的酵母菌,其菌落较扁平,表面和边缘较粗糙。由于酵母菌存在酒精发酵,一般会有悦人的酒香味。放线菌为原核生物,菌丝细,菌落小而致密,表面呈细致的茸毛状或粉末状,颜色多样,有土腥味。霉菌的菌丝比较粗大,菌落大而疏松,呈蜘蛛网状、绒毛状、棉絮状或毡状,颜色多样,常有霉味。

　　(1)细菌

　　因其细胞较小,故形成的菌落一般比较小、较薄、较透明并较"细腻"。

　　(2)酵母菌

　　细胞比细菌大,不能运动,繁殖速度较快,一般形成较大、较厚和透明的圆形菌落。

　　(3)放线菌

　　为原核生物,其菌落具有形态较小,菌丝细而致密,表面呈粉状,色彩较丰富,不易挑起以及菌落边缘的培养基出现凹陷状等特征。

　　(4)霉菌

　　为真核生物,其菌落大而疏松或大而致密,在菌落表面会形成种种肉眼可见的构造。

　　现将细菌、放线菌、酵母菌和霉菌这四大类微生物的细胞和菌落形态特征进行总结如下。

$$
菌落形态
\begin{cases}
湿润
\begin{cases}
厚而突起——酵母菌 \\
薄而平坦——细菌
\end{cases} \\
干燥
\begin{cases}
大而疏松——霉菌(颜色) \\
小而紧密——放线菌
\end{cases}
\end{cases}
$$

　　2. 霉菌的个体形态特征

　　霉菌为真核微生物,菌丝体由基内菌丝、气生菌丝和繁殖菌丝组成,比细菌或放线菌粗几倍到几十倍。菌丝体为无色透明或暗黑色至黑色,或呈现鲜艳的颜色。在显微镜下观察时,菌丝皆呈管状。在固体培养基上生长,为绒毛状或棉絮状。一些较高等的霉菌丝状管道中皆有横隔,由横隔状菌丝隔成许多细胞。细胞易收缩变形,而且孢子很容易分散,所以制作标本时常用乳酸石炭酸棉蓝染液,其中,石炭酸可以杀死菌体及孢子并可以防腐,乳酸可以保持菌体不变形,棉蓝使菌体着色。同时,这种霉菌制片不易干燥,能防止孢子飞散,用树胶封固后可制成永久标本长期保存。

【实验方法】

1. 观察四大菌落特征

首先制备已知四大类微生物的单菌落标本。通过平板涂布或平板划线法可在相应的平板上获得细菌、酵母菌和放线菌的菌落,用单点或三点接种法获得霉菌的单菌落。接种后,细菌平板可放在 37℃ 培养 24~48 h,酵母菌放在 28℃ 培养 2~3 d,霉菌和放线菌放在 25℃~28℃ 培养 5~7 d。拍照对比菌落差异,并进行记录和分析。

2. 霉菌水浸片的制作

于一洁净的载玻片上,滴一滴乳酸石炭酸棉蓝染液,用大头针或接种针从菌落边缘取少量带有孢子的菌丝于染色液中,再细心地把菌丝拨散开,然后用盖玻片盖上,注意不要产生气泡,于显微镜下观察。

【实验报告】

1. 绘制观察到的各种霉菌(黑根霉、黑曲霉、青霉)的形态结构图,并注明名称。
2. 比较说明各种霉菌(黑根霉、黑曲霉、青霉)在结构上的异同。
3. 简述四大类微生物菌落的形态区别。

【思考题】

1. 在显微镜的高倍镜下或油镜下如何区分放线菌的基内菌丝和气生菌丝?
2. 如何快速判断四大菌落?

【四大菌落的形态和真菌个体形态图片实例】

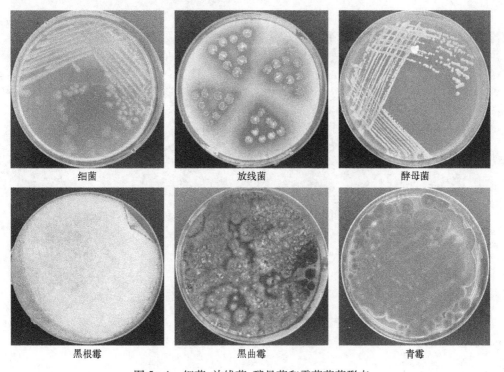

扫一扫看彩图

图 5-1　细菌、放线菌、酵母菌和霉菌菌落形态

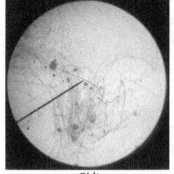 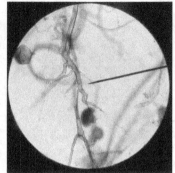 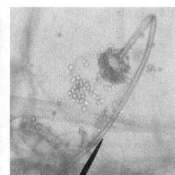

形态　　　　　　　　　　　示假根　　　　　　　　　示散落的孢子

图 5-2　黑根霉

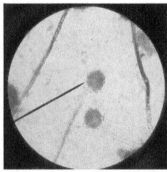 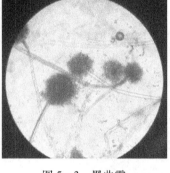

图 5-3　黑曲霉

 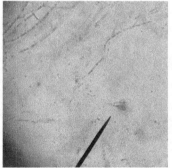 

图 5-4　青霉

实验六　常用器材的洗涤、包装和灭菌及培养基的制备

【实验目的】

1. 学习掌握实验常用器材的洗涤、包装方法。
2. 学习掌握培养基的配制原理。
3. 掌握配制培养基的一般方法和步骤。

【实验内容】

1. 实验常用器材的洗涤、包装及灭菌。
2. 培养基的配制。

【实验材料及仪器用品】

1. 实验材料

牛肉膏蛋白胨培养基、高氏一号培养基和马铃薯蔗糖培养基配方中的原料,或者购买的商品化脱水培养基。

2. 仪器用品

移液管、试管、烧杯、量筒、三角瓶、培养皿、微量加样器、广口玻璃瓶、细口玻璃瓶、滴瓶、玻璃棒、药匙、称量纸、pH 试纸、纱布、记号笔、棉花、牛皮纸、麻绳等;

重铬酸钾(工业用)、浓硫酸、氢氧化钠溶液(0.1 mol/L)、苏打水、氨水、乙醇(95%)、石炭酸溶液(0.5%,5%)、浓硝酸、漂白粉液、蒸馏水、肥皂、氢氧化钾溶液(0.1 mol/L)、盐酸溶液(10%,0.1 mol/L)、氢氧化钠溶液(1 mol/L)、盐酸溶液(1 mol/L)。

【实验原理】

1. 洗涤

洗涤是指在微生物实验、科研等操作过程中,对所用的玻璃器皿、金属制品(如剪刀、镊子、解剖刀等)等实验器材采用洗涤剂去除内外污物的过程。

洗涤的方法和所用的洗涤剂因目的不同,清洁程度也不相同。一般来说,水只能洗去可溶于水的污染物,不溶解于水中的污染物,必须用其他方法处理后再用水洗。

所有微生物实验、科研所用的器皿,无论是用过的,或新购置的,在使用前都要清洁达到要求,才能进行灭菌,否则将影响实验质量,必须加以重视。

玻璃器皿和金属制品(如剪刀、镊子、解剖刀等)清洁之后,有些要灭菌,有些则需晾干、烘干后备用。

2. 培养基

培养基是按照微生物生长繁殖和新陈代谢的需要,用人工方法配制的含不同营养物

质的营养基质。培养基为微生物的生长和代谢提供了良好的营养条件和适宜的生活环境,各类培养基是培养微生物所必需的。正确掌握培养基的配制方法是从事微生物学实验工作的重要技术之一。

微生物的种类及代谢类型繁多,因而用于培养、分离、鉴定、保存各种微生物的培养基的种类也很多,它们的配方及配制方法虽各有差异,但一般培养基的配制程序大致相同。培养基应满足以下条件:含有适合微生物生长及代谢的碳源、氮源、无机盐、生长因子、水以及微量元素等;具有适宜的理化条件,包括酸碱度、一定的 pH 缓冲能力、一定的氧化还原电位和合适的渗透压;保持无菌状态。

根据微生物的种类和实验目的不同,可将培养基分为不同类型。如按照制备培养基的原料不同,培养基可分为天然培养基、半合成培养基和合成培养基三类;按照培养基的物理状态不同,可分为液体培养基、半固体培养基和固体培养基;按照培养基的使用目的不同,可分为选择培养基、基础培养基及鉴别培养基等。

常用培养基有分别用于培养细菌、放线菌和真菌的牛肉膏蛋白胨培养基、高氏一号培养基和马铃薯蔗糖培养基。

【实验方法】

1. 微生物实验常用玻璃仪器

准备微生物实验室常用的玻璃器皿,详见本实验"仪器用品"。

2. 配制洗涤剂常用试剂

准备微生物实验室常用的洗涤剂,详见本实验"仪器用品"。

3. 常用器材的洗涤

新购置的玻璃器皿建议用 10% 的盐酸溶液浸泡 12 h,再用清水洗净;也可浸在肥皂水中 1 h,再用清水洗净。

一般玻璃器皿如试管、烧杯、培养皿等,若沾有有害微生物,先用高压灭菌锅灭菌或用漂白粉溶液消毒后,再用水洗。

用肥皂水洗时,可以加热煮沸,洗过之后用清水冲洗几次,最后用少量蒸馏水洗一次,器皿干燥后就会更加洁净、光亮。

若需更洁净的器皿,可用浓铬酸洗液处理。试管、烧杯、培养皿等在铬酸洗液中浸 10 min,滴定管、吸管和移液管则要 1~2 h。洗涤液处理后的玻璃器皿,要用清水充分冲洗,将洗液完全洗去,最后用少量蒸馏水再洗 1 次。

用过的带有活菌的载玻片与盖玻片,可先浸在 5% 的石炭酸溶液中消毒,然后用水冲洗干净,水洗后在铬酸洗涤液中浸数小时后再用清水洗净。

若载玻片和盖玻片上沾有油脂等物质,可先用肥皂水煮过后再洗。

洗净的载玻片与盖玻片,可贮存在 95% 的乙醇(滴入少量浓盐酸)中,用时可用柔软洁净的纱布擦干或用酒精灯烧干。

带菌的吸管、移液管等,应立即投入 5% 石炭酸溶液中浸泡 12 h,先进行灭菌。然后用清水冲洗,再用蒸馏水冲净。不带菌的可直接用水清洗。

4. 包装

对于需要灭菌的器皿,在灭菌前,必须正确包装,灭菌之后取出才不会被污染。

包移液管:移液管吸口端放少许棉花,使松紧合适,用 5 cm 宽的报纸条将移液管卷捆实。

包平板:5 个或 6 个平皿叠在一起,注意皿盖在同一方向,用两层报纸包扎。

金属制品:剪刀、镊子、解剖刀柄及刀片等可以单独报纸或牛皮纸包装,如果用量较大,也可根据用量多少直接放在铝制或不锈钢饭盒中统一灭菌。

对于玻璃制品和金属制品,既可以湿热灭菌,也可以干热灭菌。湿热灭菌后的材料会有大量冷凝水,应烘干后使用。由于热空气的穿透力较差,再加上蛋白质在缺水的情况下不容易变性凝固,干热灭菌需在 160~180℃维持 2 h 才能达到灭菌目的。对于培养基、胶头滴管以及一次性塑料制品(枪头等)应进行湿热灭菌。

5. 消毒与灭菌

(1) 干热灭菌

干热灭菌是利用高温使微生物细胞内的蛋白质凝固变性而达到灭菌的目的。细胞内的蛋白质凝固性与其本身的含水量有关,在菌体受热时,环境和细胞内含水量越大,则蛋白质凝固就越快,反之,含水量越小,凝固越慢。因此,与湿热灭菌相比,干热灭菌所需温度高(160~170℃),时间长(1~2 h)。但干热灭菌温度不能超过 180℃,否则,包器皿的纸或棉塞就会烧焦,甚至引起燃烧。干热灭菌使用电热干燥箱。

(2) 高压蒸汽灭菌

高压蒸汽灭菌是将待灭菌的物品放在一个密闭的加压灭菌锅内,通过加热,使灭菌锅隔套间的水沸腾而产生蒸汽。待水蒸气急剧地将锅内的冷空气从排气阀中驱尽,然后关闭排气阀,继续加热,此时,由于蒸汽不能溢出,而增加了灭菌锅内的压力,从而使沸点增高,得到高于 100℃的温度,导致菌体蛋白质凝固变性而达到灭菌的目的(表 6-1)。

在同一温度下,湿热的杀菌效力比干热大。其原因有三:一是湿热中细菌菌体吸收水分,蛋白质较易凝固,因蛋白含水量增加,所需凝固温度降低;二是湿热的穿透力比干热大;三是湿热的蒸汽有潜热存在。1 g 水在 100℃时,由气态变为液态时可放出 2.26 kJ(千焦)的热量。这种潜热,能迅速提高被灭菌物体的温度,从而增加灭菌效力(表 6-2)。

表 6-1　蛋白质含水量与凝固所需温度关系

卵清蛋白含水量/%	30 min 内凝固所需温度/℃
50	56
25	74~80
18	80~90
6	145
0	160~170

表 6-2　干热、湿热穿透力及灭菌效果比较

温度/℃	时间/h	透过布层的温度/℃			灭菌情况
		10 层	20 层	100 层	
干热 130~140	4	86	72	70.5	不完全
湿热 105.3	3	101	101	101	完全

　　在使用高压蒸汽灭菌锅灭菌时,灭菌锅内冷空气的排除是否完全极为重要,因为空气的膨胀压大于水蒸气的膨胀压,所以,当水蒸气中含有空气时,在同一压力下,含空气蒸汽的温度低于饱和蒸汽的温度(表 6-3)。

表 6-3　灭菌锅留有不同分量空气时,压力与温度的关系

压力数			全部空气排出时的温度/℃	2/3 空气排出时的温度/℃	1/2 空气排出时的温度/℃	1/3 空气排出时的温度/℃	空气全不排出时的温度/℃
MPa	kg/cm²	lb/in²					
0.03	0.35	5	108.8	100	94	90	72
0.07	0.70	10	115.6	109	105	100	90
0.10	1.05	15	121.3	115	112	109	100
0.14	1.40	20	126.2	121	118	115	109
0.17	1.75	25	130.0	126	124	121	115
0.21	2.10	30	134.6	130	128	126	121

　　现在法定压力单位已不用磅/平方英寸(lb/in²)和 kg/cm² 表示,而是用 Pa 或 bar 表示,其换算关系为: 1 kg/cm² = 98 066.5 Pa;1 lb/in² = 6 894.76 Pa。

　　一般培养基用 0.1 MPa (相当于 15 lb/in² 或 1.05 kg/cm²),121℃,15~30 min 可达到彻底灭菌的目的。灭菌的温度及维持的时间随灭菌物品的性质和容量等具体情况而有所改变。例如,含糖培养基用 0.06 MPa (8 lb/in² 或 0.59 kg/cm²)115℃灭菌 15 min,但为了保证效果,可将其他成分先行 121℃,灭菌 20 min,然后以无菌操作手续加入灭菌的糖溶液。又如盛于试管内的培养基以 0.1 MPa,121℃灭菌 20 min 即可,而盛于大瓶内的培养基最好以 0.1 MPa,121℃,灭菌 30 min。

　　6. 紫外线灭菌

　　紫外线灭菌是用紫外线灯进行的。波长为 200~300 nm 的紫外线都有杀菌能力,其中 260 nm 左右紫外线的杀菌力最强。在波长一定的条件下,紫外线的杀菌效率与强度和时间的乘积成正比。紫外线杀菌机制主要是因为它诱导了胸腺嘧啶二聚体的形成和 DNA 链的交联,从而抑制了 DNA 的复制。另一方面,由于辐射能使空气中的氧电离成[O],再使 O_2 氧化生成臭氧(O_3)或使水(H_2O)氧化生成过氧化氢(H_2O_2)。O_3 和 H_2O_2 均有杀菌作用。紫外线穿透力不大,所以,只适用于无菌室、接种箱、手术室内的空气及物体表面的灭菌。紫外线灯距照射物以不超 1.2 m 为宜。

　　此外,为了加强紫外线灭菌效果,在打开紫外线灯以前,可在无菌室内(或接种箱内)喷洒 3%~5%石炭酸溶液,一方面使空气中附着有微生物的尘埃降落,另一方面也可以杀死一部分细菌。无菌室内的桌面、凳子可用 2%~3%的来苏尔擦洗,然后再开紫外线灯照

射,即可增强杀菌效果,达到灭菌目的。

7. 过滤除菌

过滤除菌是通过机械作用滤去液体或气体中细菌的方法。根据不同的需要选用不同的滤器和滤板材料。微孔滤膜过滤器是由上下2个分别具有出口和入口连接装置的塑料盖盒组成,出口处可连接针头,入口处连接针筒,使用时将滤膜装入两塑料盖盒之间,旋紧盖盒,当溶液从针筒注入滤器时,此滤器将各种微生物阻留在微孔滤膜上面,从而达到除菌的目的。根据待除菌溶液量的多少,可选用不同大小的滤器。此法除菌的最大优点是可以不破坏溶液中各种物质的化学成分,但由于滤量有限,所以一般只适用于实验室中小量溶液的过滤除菌。

8. 培养基的配制

(1) 称量

按培养基配方(附录一)计算出各种原料的用量或按照脱水性商品化培养基的说明,然后进行准确称量,放于烧杯中。

(2) 溶解

将一定量的水加入上述的烧杯中,用玻璃棒搅动,并加热使其全部溶解。配制固体培养基时,应将已配好的液体培养基加热煮沸,再将称好的琼脂(1.5%~2%)加入其中,并用玻璃棒不断搅拌。继续加热至琼脂全部融化,最后按所配制的培养基体积补足水分。

(3) 调整 pH

一般用 pH 试纸测定培养基的 pH。当培养基偏酸或偏碱时,可用 1 mol/L NaOH 或 1 mol/L HCl 溶液进行调节。调节 pH 时,应逐滴加入 NaOH 或 HCl 溶液,防止局部过碱或过酸,破坏培养基的营养成分。边加酸碱边搅拌,并不时用 pH 试纸进行测试,直至达到所需的 pH 为止。对于某些有较高 pH 精度要求的培养基,可用 pH 计进行调节。

(4) 过滤

趁热用四层纱布过滤。一般情况下,如无特殊要求,对于商品化培养基,此步可省略。

(5) 分装

根据不同需要,将已配好的培养基用微量加样器分装入试管或三角瓶内,分装时注意不要使培养基沾污管口或瓶口,以免引起污染。如操作不小心,将培养基沾在管口或瓶口,可用一小块脱脂棉擦去管口或瓶口的培养基。将装好培养基的三角瓶、试管塞上棉塞或硅胶塞。

(6) 包扎

在三角瓶及捆成一捆的试管外面包上一层牛皮纸,并用线绳捆好,以防灭菌时冷凝水沾湿瓶口或管口。用记号笔注明培养基的名称、组别及配制日期。

(7) 灭菌

配制好的培养基应立即按配方规定的灭菌条件进行高压蒸汽灭菌。用作斜面的试管灭菌后应趁热摆成斜面;半固体培养基灭菌后应垂直待凝。培养基经无菌检查后备用。

（8）斜面和平板制作

1）斜面的制作:将已灭菌的装有琼脂培养基的试管趁热搁置于玻棒上,调节试管的倾斜度,使之呈适当斜度,凝固后即成斜面。斜面长度以试管长度的1/2为宜。

2）平板的制作:将装在三角瓶中已灭菌的琼脂培养基加热融化,冷却至55~60℃,以无菌操作倾入无菌培养皿中。倒平板时培养基温度不宜过高,否则皿盖上的冷凝水太多;但当温度低于50℃时,培养基会凝固而无法制作平板。

平板的制作应在酒精灯旁进行,倒平板时,左手拿培养皿,右手拿三角瓶的底部。先用右手小指和手掌将瓶塞夹住并打开,灼烧瓶口,瓶口保持对着火焰;用左手大拇指和食指将无菌培养皿盖打开一缝,至瓶口正好伸入,倾入培养基,以培养基盖住皿底为宜,而后迅速盖好皿盖,将培养皿平放于桌面上,轻轻旋转平皿,使培养基均匀分布于整个平皿中,冷凝后即成平板。

【实验报告】

分析培养基及其各营养成分的作用,判断培养基的类型。

【思考题】

1. 配制培养基过程中应当注意哪些问题?

2. 含琼脂的培养基加热溶化时要注意哪些问题?

3. 如何检查培养基灭菌是否彻底?

4. 干热灭菌和湿热灭菌分别适用于哪些物品的灭菌?

实验七 细菌分离培养及移植

【实验目的】

1. 了解细菌分离培养的基本原理。
2. 掌握无菌操作技术。
3. 掌握常用的分离细菌的方法。
4. 掌握细菌接种、移植技术。

【实验内容】

1. 无菌操作技术。
2. 分离培养土壤或水体中的细菌。
3. 移植细菌纯培养物。

【实验材料及仪器用品】

1. 实验材料

牛肉膏蛋白胨培养基、土壤或水体样品。

2. 仪器用品

试管、锥形瓶、玻璃棒、移液管、接种环、培养皿、酒精灯等;10%苯酚溶液、链霉素。

【实验原理】

1. 细菌的分离

为了研究某种细菌的特性,常需将该细菌从混杂的群体中分离出来,进行纯培养。从混杂的细菌群体中获得只含有某一种细菌的过程,称为细菌的分离纯化。土壤是微生物的大本营,水体是微生物栖息的第二大场所。因此,土壤和水体中含有种类和数量非常多的微生物,常被选作细菌分离的样品。平板分离法被普遍应用于细菌的分离纯化。其基本原理是采用适合待分离细菌的生长条件(如营养成分、酸碱度、温度和氧气等),或加入某种抑制剂,造成只利于该细菌生长而抑制其他细菌生长的环境,从而淘汰不需要的细菌。分离细菌,一般用牛肉膏蛋白胨培养基。分离放线菌一般用高氏一号培养基,为了尽可能减少细菌的生长,可根据放线菌的孢子抗性比细菌强的特点,在培养基(或稀释液)中加入一定浓度的抑菌物质(如酚或重铬酸钾)。分离霉菌一般用马铃薯培养基,为了抑制细菌的生长,可在培养基中加入一定浓度的抗生素(如链霉素等)。抗生素不耐热,不能进行高压蒸汽灭菌。对于这些用量比较少的敏感物质,可用过滤法除菌,即孔径为 $0.45\ \mu m$(除去细菌)或 $0.22\ \mu m$(除去细菌和支原体)的微孔滤膜过滤,将滤液收集在无菌容器中,得到无菌的抗生素溶液。根据合适的添加比例,进行具体添加。

　　细菌在固体培养基上生长形成的单个菌落通常是由一个细胞繁殖而成的,因此可通过挑取单菌落来获得纯培养。单菌落的获取可通过稀释涂布平板法或平板划线分离法来完成。特别指出的是,从细菌群体中分离出来的生长在平板上的单菌落并不一定能保证都是纯培养。因此,纯培养的确定除了观察其菌落特征外,还要结合显微镜检测菌体的个体形态特征后才能确定。总之,细菌的纯培养要经过一系列分离纯化过程和多种特征鉴定后才能获得。

　　2. 接种

　　将细菌的培养物移植到培养基上的操作技术称为接种。接种是微生物学实验最基本的操作技术之一,微生物的分离纯化、培养、鉴定以及有关微生物的生理研究及生产都必须进行接种。

【实验方法】

　　1. 无菌操作技术

　　(1) 接种环转接菌种
　　1) 用记号笔分别标记营养琼脂斜面或液体培养基。
　　2) 左手持斜面培养物,右手持接种环,按图中方法将接种环进行火焰灼烧灭菌(烧至发红),然后在火焰旁打开斜面培养物的试管帽(注意:管帽不能放在桌上),并将管口在火焰上烧一下(图7-1)。

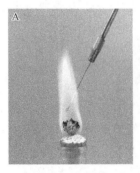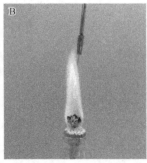

图7-1　接种环的火焰灭菌步骤(A-C)

　　3) 在火焰旁,将接种环轻轻插入斜面培养物试管的上半部(此时不要接触斜面培养物),至少冷却5 s后,挑起少许培养物(菌苔)后,再烧一下管口,盖上管帽并将其放回试管架中。
　　4) 用左手迅速从试管架上取出营养琼脂斜面,在火焰旁取下管帽,管口在火焰上烧一下,将沾有少量菌苔的接种环迅速放进营养琼脂斜面的底部(注意:接种环不要碰到试管口)并从下到上划一直线,然后再从其底部开始向上作蛇形划线接种。完毕后,同样烧一下试管口,盖上管帽,将接种环在火焰上灼烧后放回原处(图7-2)。接种时也可以采用手持2支试管的接菌方式。首先,将菌种和待接斜面的两支试管用大拇指和其他四指握在左手中,使中指位于两试管之间部位。斜面面向操作者,并使它们位于水平位置。右手拿接种环,在火焰上将环端灼烧灭菌,然后将有可能伸入试管的其余部分均灼烧灭菌,重复灼烧2~3次;拔取管塞先用右手松动棉塞或塑料管盖,再用右手的无名指、小指和手掌边取下菌种管和待接试管的管塞;灼烧试管口,让试管口缓缓过火灭菌2~3次;取菌将灼烧过的接种环伸入菌种管,先使环接触没有长菌的培养基部分,使其冷却,然后轻轻蘸取少量菌体或孢子,将接种环移出菌种管,注意不要使接种环的部分碰到管壁,取出后不可使带菌接种环通过火焰;在火焰旁迅速将蘸有菌种的接种环伸入另一支待接斜面试管,从斜面培养基的底部向上来回密集划线,切勿划破培养基;灼烧管口,塞管塞,取出接种环,灼烧试管口,并在火焰旁将管盖盖上;将接种环灼烧灭菌,放下接种环,再将试管盖盖紧(图7-3)。如果是向盛有液体培养基的试管和三角烧瓶中接种,则应将挑有菌苔的接种环首先在液体表面的管内壁上轻轻摩擦,使菌体分散从环上脱开,进入液体培养基中(图7-4)。

(2)一次性滴管转接菌液(图7-5)

1)轻轻摇动盛有菌液的试管(注意:不要溅到管口或管帽上),暂放回试管架上。

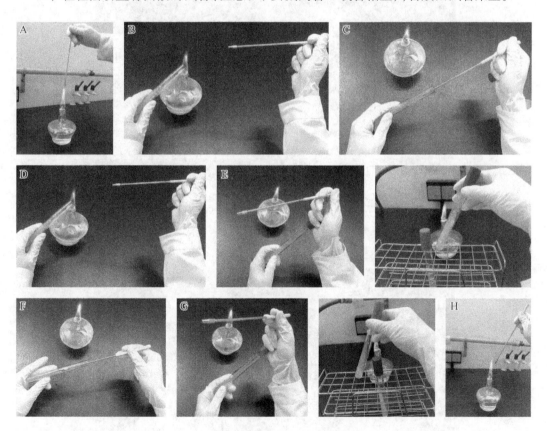

图7-2　接种环转接菌种的操作程序

A. 在火焰上灼烧接种环;B. 取下斜面培养物的试管帽,烧一下试管口;C. 将已灼烧灭菌的接种环插入斜面试管中,冷却5~6 s后挑取少量菌苔;D. 烧一下斜面试管口;E. 盖上管帽并放回试管架;F. 迅速将蘸有少量菌苔的接种环插入待接种试管斜面的底部划线接种;G. 盖上试管帽,放回试管架;H. 灼烧接种环,放回原处

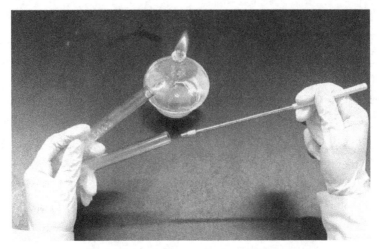

图 7-3　手持 2 支试管的接菌方式

图 7-4　液体培养基转接菌种

A. 蘸取菌液；B. 将蘸取菌液的接种环插入待接种试管液体培养基中接种

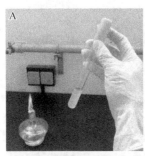

图 7-5　滴管转接菌液

A. 轻轻摇动盛有菌液的试管；B. 用一次性滴管吸取菌液；C. 将菌液迅速转移至接菌管中；D. 将一次性滴管放入废液缸中

2）取出一支一次性滴管,按无菌操作要求,将一次性滴管插入已摇匀的菌液中,吸取菌液并迅速转移至接菌管中。

3）将用过的一次性滴管放入废液缸中。

（3）移液枪转接菌液(图7-6)

1）轻轻摇动盛菌液的试管(注意:不要溅到管口或管帽上),暂放回试管架上。

2）用1 000 μL移液枪装上合适的枪头,按无菌操作要求,将枪头插入已摇匀的菌液中,吸取菌液并迅速转移至接菌管中。

3）将用过的枪头放入废液缸中。

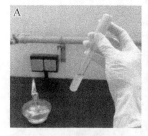
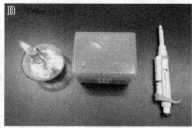

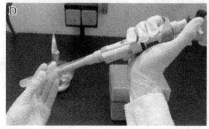

图7-6　移液枪转接菌液

A. 轻轻摇动盛有菌液的试管；B. 操作用品:酒精灯、移液枪、移液枪枪头盒；C. 用移液枪从移液枪枪头盒中装备枪头；D. 用移液枪吸取菌液；E. 将菌液迅速转移至接菌管中；F. 将用过的枪头打入废液缸中

2. 平板划线分离法

（1）倒平板

按稀释涂布平板法倒平板,并用记号笔标明培养基名称、实验日期。

（2）划线

在近火焰处,左手拿培养基平板,右手拿接种环,挑取稀释10倍的土壤悬液或浓缩后的水样一环,在平板上进行划线分离。划线的方法可采用连续划线法和分段划线法,它们的目的都是通过划线操作将土壤样品在平板上进行稀释,使之培养后能形成单菌落。

（3）观察并挑取单菌落

挑取典型单菌落至斜面上,直至分离到纯种细菌为止。

3. 常用的接种方法

（1）斜面接种法

斜面接种法主要用于接种纯种微生物,用以鉴定或保藏菌种。通常是从培养基平板上挑取分离到的单菌落,或挑取斜面、液体培养基中的纯培养物,接种到培养基斜面上。

接种操作应在无菌室或超净工作台上进行,防止杂菌污染。点燃酒精灯,用左手拿住菌种斜面与待接种的新鲜培养基斜面,菌种管在前,接种管在后,管口对齐,斜面向上倾斜,呈45~50°角朝上,并能清楚地看到两支斜面上的培养物。(注意:不要持成水平,以免管底的冷凝水浸湿培养基表面。右手在火焰旁转动两试管的塞子,使其松动,以便接种时易于拔出。)

接种环灼烧时右手持接种环,先将接种环垂直放在火焰上灼烧,铂丝部分(环和丝)必须烧红,以达到彻底灭菌的目的,然后将除手柄以外的金属杆都用火焰灼烧一遍,要彻底灼烧以保证灭菌彻底。

将两支斜面试管的棉塞分别夹在右手的小指和手掌之间及无名指和小指之间,用力拔出棉塞,将试管口在火焰上过火,以杀灭可能引起污染的微生物。棉塞应始终夹在手中,不能掉落。将灼烧灭菌后的接种环伸入菌种管内,先接触无菌苔生长的培养基,待接种环冷却后再从斜面上刮取少许菌苔,取出后在火焰旁迅速插入接种管中,在斜面上做S形轻快划线。接种完毕,迅速塞上棉塞。重新灼烧接种环,将其放回原处,并塞紧棉塞。将接种管写好或贴好标签后,即可进行培养。

(2)液体接种法

此法适用于液体增菌培养,也可用于将纯培养物接种于液体培养基中进行生化试验。

其操作方法与注意事项与斜面接种法基本相同,不同点如下:

1)由斜面菌种接种至液体培养基中:用接种环从斜面上蘸取少许菌苔,将菌苔轻轻插入靠近试管壁的液面中,轻轻振荡即可。

2)接种物为霉菌菌种:若用接种环不易挑起培养物,可用接种钩或接种铲进行。

3)由液体培养物接种至液体培养基中:用接种环蘸取少许液体培养物至新鲜的液体培养基中即可。也可根据需要用无菌移液管、滴管或注射器吸取培养液至新鲜的液体培养基中。接种液体培养物时应特别注意勿使菌液溅在工作台上或其他器皿上,以免造成污染。凡吸过菌液的移液管或滴管,应立即放入盛有消毒液的容器内。

(3)穿刺接种法

此法适用于半固体培养基的接种。其操作方法及注意事项与斜面接种法基本相同。接种时必须使用笔直的接种针,而不能使用接种环。

接种高层或半高层培养基时,将接种针灼烧灭菌后蘸取少量菌种,垂直穿入培养基中心,一直插到接近管底,再沿原路抽回接种针。(注意:勿使接种针在培养基内左右移动,穿刺线应笔直整齐,便于观察生长结果。)

【实验报告】

统计分离的单菌落数量并描述分离培养得到的单菌落形态特征。

【思考题】

平板培养时培养皿为什么要倒置?

【细菌分离培养及移植实例】

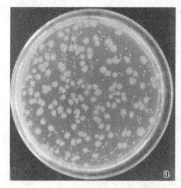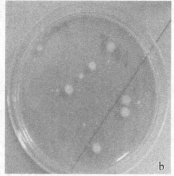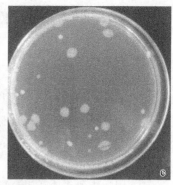

图 7-7 水体中好氧性细菌的平板梯度稀释分离

a. 10^{-4} 稀释度涂布法生长的菌落;b. 10^{-5} 稀释度混菌法生长的菌落;c. 10^{-5} 稀释度涂布法生长的菌落;乳白色大菌落为大肠杆菌,淡黄色小菌落为金黄色葡萄球菌

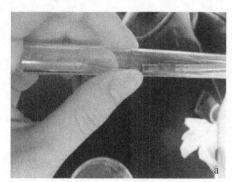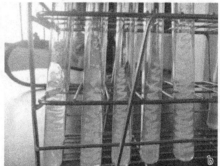

图 7-8 细菌移植(斜面接种)

a. 斜面划线接种;b. 斜面划线接种培养后长出的菌苔

扫一扫看彩图

实验八　微生物的纯种分离与活菌计数

【实验目的】

1. 了解平板划线法分离菌种的基本原理,并熟练掌握其操作方法。
2. 了解利用平板菌落计数法测定微生物样品中活细胞的原理。
3. 熟练掌握平板菌落计数的操作步骤与方法。

【实验内容】

1. 用平板划线法分离大肠杆菌(*Escherichia coli*)、金黄色葡萄球菌(*Staphylococcus aureus*)。
2. 用平板菌落计数法测定菌种样品中的活细胞数。

【实验材料及仪器用品】

1. 实验材料

菌种:大肠杆菌(*Escherichia coli*)、金黄色葡萄球菌(*Staphylococcus aureus*)。

2. 仪器用品

水浴锅、温箱、无菌试管、无菌培养皿、无菌移液管等。

【实验原理】

1. 平板划线法分离菌种

一般是将混杂在一起的不同种微生物或同种微生物群体中的不同细胞通过在分区的平板表面做多次划线稀释,形成较多的独立分布的单个细胞,经培养而繁殖成相互独立的多个单群落。操作时于火焰旁,小心打开平皿,将平板分成 A、B、C、D 4 个面积不同的小区划线;A 是待分离菌的菌源区,B 和 C 区为初步划线稀释的过渡区,D 区则是关键的单菌落收获区,它的面积最大,4 个区的面积安排为:D>C>B>A(图 8-1)。

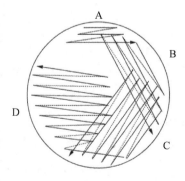

图 8-1　平板四区划线

2. 平板菌落计数法

平板菌落计数法是一种应用广泛的测定微生物生长繁殖的方法,其特点是能测出微生物样品中活细胞数,故又称活菌计数法。分混菌法和涂布法两种。先将待测样品按 10 倍比例作一系列稀释,再吸取一定量(0.2 mL)的某几个稀释度的菌液于无菌的空培养皿中,立即倒入冷却至 50℃左右的牛肉膏蛋白胨培养基(15~18 mL),轻柔地将含菌悬液的培养基平板摇匀,快速地前后、左右晃动平皿,或以顺时针和逆时针方向混匀培养液,使待测的细菌均匀地分散在平板的培养基内,便于细菌计数,此为混菌法(图 8-2)。将一定量(0.2 mL)的某几个稀释度的菌液无菌转移到已倒好培养基的培养皿中,用涂布棒及时涂抹均匀,此为涂布法。先正置平皿 30 min 左右,待菌悬液彻底被培养基吸收后,再倒置于 37℃培养箱中培养 24 h,计算平板中菌落数的平均值,即可计算出原菌样中的活细胞的含量(个/mL)= 平均菌落数×5×稀释倍数。一般细菌的平板计数以 30~300 个菌落/平板为宜,该计数法的缺点是操作手续较繁,时间较长,测定值常受干扰。

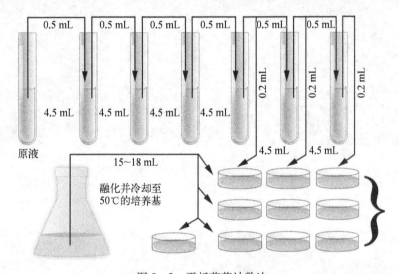

图 8-2　平板菌落计数法

【实验方法】

1. 平板四区划线法

挑取菌样,先划 A 区,待烧去残菌的接种环冷却后再划其余三区(B,C,D),倒置培养皿,37℃培养 1~2 d,挑单菌落。

2. 平板菌落计数法

融化培养基,无菌试管编号。用无菌生理盐水对原始菌液进行 10 倍的系列稀释(10^{-1}~10^{-6})。分别用 1 mL 无菌移液管精确吸取 0.2 mL 稀释菌液,10^{-4} 涂抹于平板上,10^{-5} 和 10^{-6} 加入空培养皿,再加入约 15~20 mL 液体琼脂培养基,立刻摇匀,静止冷却,将培养皿编号(2 块培养皿/每个稀释度菌液)。37℃倒置培养 24 h,计菌落数。

【实验报告】

1. 记录各皿计数结果,计算出原菌样中的活细胞的含量(个/mL)= 平均菌落数×5× 稀释倍数。

2. 图示划线分离平板上的菌落分布。

3. 简述分离得到的大肠杆菌和金黄色葡萄球菌的菌落形态特征。

【思考题】

1. 平板菌落计数法与显微镜直接计数法相比,各有哪些优缺点?

2. 平板菌落计数的原理是什么,它适用于哪些微生物的计数?

3. 混菌法和涂布法有何优缺点?

4. 比较混菌法(平板内)和涂布法(平板表面)长出来的菌落有何差别,原因是什么?

【细菌的平板四区划线及活菌计数实例】

扫一扫看彩图

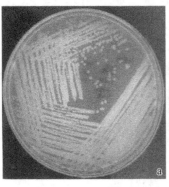
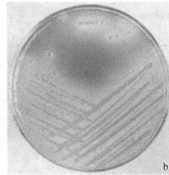
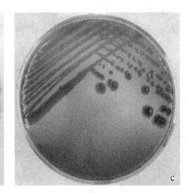

图 8-3　不同细菌在不同培养基上的菌落特征

a. 标记了绿色荧光蛋白(GFP)的嗜水气单胞菌(Ah4332)在 TSA 培养基上的绿色菌落;b. 溶藻弧菌在 TCBS 培养基上的黄色菌落;c. 副溶血弧菌在 TCBS 培养基上的绿色菌落

扫一扫看彩图

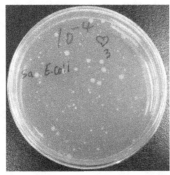
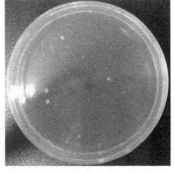
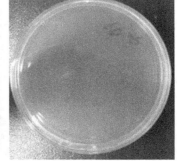

图 8-4　平板菌落(活菌)计数法

实验九 细菌在培养基中的生长表现及运动力检查

【实验目的】

1. 了解细菌的菌落形态及其在培养基上的生长表现。
2. 了解培养性状对细菌鉴别的重要意义。
3. 掌握检查细菌运动力的几种方法。
4. 区别细菌的真正运动和受外力作用的摆动或移动。

【实验内容】

1. 观察细菌在各培养基中的生长表现。
2. 细菌的运动力检查。
3. 细菌大小的测定。

【实验材料及仪器用品】

1. 实验材料

大肠杆菌(*Escherichia coli*)琼脂平板、斜面培养物;
金黄色葡萄球菌(*Staphylococcus aureus*)、大肠杆菌(*Escherichia coli*)肉汤培养物;
半固体高层营养琼脂培养基。

2. 仪器用品

普通光学显微镜、接种环、载玻片、测微计、凹玻片、凡士林等。

【实验原理】

1. 细菌在培养基中的生长表现

(1) 细菌在琼脂平板上的生长表现
细菌在固体培养基表面生长繁殖,可形成肉眼可见的菌落。各种细菌的菌落,按其特征的不同,可以在一定程度上进行鉴别。
1) 大小:菌落的大小,规定用毫米(mm)表示,一般不足 1 mm 者为露滴状菌落,1~2 mm 者为小菌落,2~4 mm 者为中等大菌落,4~6 mm 或更大者称为大菌落、巨大菌落。
2) 形状:菌落的外形有圆形、不正形、根足形、葡萄叶形等。
3) 边缘:菌落边缘有整齐、锯齿状、网状、树叶状、虫蚀状、放射状等。
4) 表面性状:表面平滑、粗糙、皱襞状、旋涡状、荷包蛋状,甚至有子菌落等。
5) 隆起度:表面有隆起、轻度隆起、中央隆起,也有凹陷或堤状等。
6) 颜色及透明度:菌落有无色、灰白色,有的能产生各种色素;菌落是否有光泽、透明、半透明及不透明。

7）硬度：黏液状、膜状、干燥或湿润等。

（2）细菌在琼脂斜面上的生长表现

将细菌分别以接种环直线接种于琼脂斜面上（自底部向上划一直线），培养后观察其生长表现。

（3）细菌在半固体高层营养琼脂培养基内的生长表现

将细菌分别以接种针直线穿刺接种于半固体高层营养琼脂培养内（自上向底部垂直穿刺划线，并沿原路径返回），培养后观察其生长表现。

（4）细菌在液体培养基上的生长表现

将金黄色葡萄球菌、大肠杆菌等分别接种于肉汤中，培养后观察其生长情况，注意其混浊度、沉淀物、菌膜、菌环和颜色等。

细菌在肉汤中所形成的沉淀有：颗粒状沉淀、黏稠沉淀、絮状沉淀、小块状沉淀。另外还有不生成沉淀的菌种。

2. 细菌运动力的检查

（1）显微镜直接检查法

一部分细菌具有运动能力，可以独立运动；另一些细菌则没有运动力。在显微镜下观察，细菌的真正运动（自动运动）表现为能离开原来位置，不断改变方向的自由地游动。水的分子运动（布朗运动）也能见于细菌个体，使其在原地摆动，但不能远离原来位置移动。这种情况，都是外力作用的结果，不是细菌本身的真正运动。检查细菌的运动力，应用幼年培养物，最好刚从温箱中取出，并在温暖的环境下快速进行。

（2）半固体高层营养琼脂培养检查法

如果细菌只沿穿刺线生长，说明细菌无运动力；如果细菌沿穿刺线向周围扩散生长，则说明细菌具有运动力。

3. 细菌大小的测定

测量细菌的大小，以微米（μm）为单位，1 μm = 1/1 000 mm。测量细菌大小的装置称为测微计，它由接目测微尺和接物测微计两部分组成。

1）接目测微尺：为一个圆形玻片，其中央刻有 50~100 个等分小格，小格的长度不定，随接目镜与接物镜的放大倍数不同而异。因此在测量细菌大小之前，须应用接物测微计来确定每一小格的长度。使用时将接目测微尺装入接目的镜筒内。

2）接物测微计：为一载玻片，在玻片的中央，粘着一圆形小玻片，其上刻有 100 个小格，每一小格的长度为 10 μm，所以全长为 1 mm（1 000 μm）。

【实验方法】

1. 细菌运动力检查

（1）悬滴检查法

1）制片：取洁净的凹玻片一块，于其凹窝的四周整齐地涂以适量的凡士林。另取洁净盖玻片一块，用接种环于其中央滴上一小滴生理盐水或透明肉汤，再用接种环取待检固体培养物少量(不要过多),混匀于液滴内;如为液体检材,可直接用接种环取一滴于盖玻片上,取起并翻转盖玻片,使液滴向下,以其对角线垂直于载玻片四边的位置,轻轻盖在凹玻片的凹窝上,略加轻压,使盖玻片四周与凡士林密着,封闭凹窝,即可进行镜检(或者将载玻片取起翻转,使凹窝对正盖玻片上液滴罩下,轻压,使与凡士林密着,封闭凹窝,并粘着盖玻片,然后再将玻片一起翻转,即可进行镜检)。

用凡士林封闭凹窝的主要目的,在于防止液滴干燥,可供较长时间观察;而使盖玻片如上述位置放置,则便于放上和取下,如用蜡笔划好分格,则可在一块盖玻片上作2~3个悬滴点(如只作短时间观察,亦可不用凡士林,而在凹窝四周以水湿润,甚至水也不用,光是盖上盖玻片即用)。

2)镜检:显微镜要放在平坦、稳固之处,不能倾斜或震动,放上悬滴标本片后,先用低倍镜找到液滴,移至视野中央,然后转换高倍镜和调整光线(宜稍暗),对焦观察,一般不必使用油镜观察,必须用时,注意防止压坏盖玻片。

(2)压滴检查法

本法比较简便,宜于短时观察,也较适用于混浊或浓厚的液体检材(如血液、渗出液、脓汁、稀粪便等)。

1)制片:取一块洁净的普通载玻片,于其中央滴上一滴(可以稍大些)生理盐水,以接种环取少量固体检材混匀其中。如为液体检材,可以直接滴在载玻片上,然后取一个洁净的盖玻片,轻轻盖压在液滴上,要注意避免产生气泡。

2)镜检:同悬滴检查法

(3)培养检查法

1)平板挖沟培养法:预先制备好血琼脂平板,以无菌操作在平板中央挖去一条1 cm宽的琼脂条,形成一条小沟,放置一条4 cm×0.5 cm的无菌滤纸横跨于两边培养基上,使之与小沟相垂直。在滤纸条的一顶端接种待检细菌的纯培养物,置37℃温箱中培养,每天观察生长情况,共7 d,如接种端的隔沟对边也生长同样的细菌,表示该菌有运动力。

2)半固体高层营养琼脂培养法

用接种针挑取菌种,沿中心穿刺接种在预先配置的半固体高层琼脂柱内,如果细菌只沿穿刺线生长,说明细菌无运动力;如果细菌沿穿刺线向周围扩散生长,则说明细菌具有运动力。

2. 细菌大小的测定

先用低倍镜找到接物测微计的小格,然后换油镜使接目测微尺与接物测微计的小格重叠。借以求出接目测微尺中一个小格的绝对值。

例如,接目测微尺的7小格与接物测微计的一小格重叠时,则接目测微尺一小格的值为7∶10=1∶X,X=1.43,即一小格为1.43 mm。

然后取下接物测微计,放上待测大肠杆菌染色标本。检查标本上的细菌的长、宽相当于接目测微计上的几小格,即为细菌体的大小。

【实验报告】

1. 描述细菌在固体和液体培养基上的生长表现。

2. 描述观察到的细菌运动力。

3. 测定细菌的大小。

【思考题】

1. 如何区分细菌鞭毛的运动与颤动?

2. 半固体高层琼脂柱穿刺培养法和平板挖沟培养法的优缺点有哪些?

【半固体高层琼脂柱穿刺培养法图片实例】

扫一扫看彩图

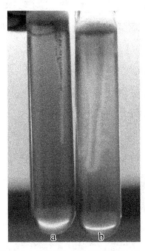

图 9-1　半固体高层琼脂柱穿刺培养法(细菌运动力检查)

a. 金黄色葡萄球菌;b. 嗜水气单胞菌

实验十　细菌的生化试验

【实验目的】

1. 掌握细菌鉴定中常用生化试验的原理和方法。
2. 了解细菌生化试验在细菌鉴定及诊断中的重要意义。

【实验内容】

1. 熟悉肠杆菌科细菌的生理生化特征。
2. 熟悉弧菌科细菌的生理生化特征。
3. 学习微量生化发酵管的使用方法,鉴定水产上常见的肠杆菌科和弧菌科的病原细菌。

【实验材料及仪器用品】

1. 实验材料

肠杆菌科细菌:大肠杆菌(*Escherichia coli*,Ec)、普通变形杆菌(*Proteus vulgaris*,Pv)、迟缓爱德华菌(*Edwardsielia tarta*,Et);弧菌科细菌:嗜水气单胞菌(*Aeromonas hydrophilia*,Ah)、副溶血弧菌(*Vibrio parahaemolyticus*,Vp);对照菌株:金黄色葡萄球菌(*Staphylococcus aureus*,Sa)。

2. 仪器用品

市售微量发酵管(各种糖类或醇类的微量发酵管或者各种糖发酵培养基试管,内装有倒置的德汉氏小管、明胶液化等)或自配的各种发酵管、氧化酶试验试剂盒、接种环、白瓷盘、纱布、试管架、细菌恒温箱。

【实验原理】

在所有生活细胞中存在的全部生物化学反应称之为新陈代谢,简称代谢。代谢过程主要是酶促反应过程。具有酶功能的蛋白质有的存在于细胞内,称为胞内酶(endoenzymes),有的存在于细胞外,称为胞外酶(exoenzymes)。不同种类的细菌,由于其细胞内新陈代谢的酶系不同,对营养物质的吸收利用、分解排泄及合成产物的产生等都有很大的差别,细菌的生化试验就是检测某种细菌能否利用某种(些)物质及其对某种(些)物质的代谢(如糖、醇及蛋白质等含氮物质)及合成产物,确定细菌合成和分解代谢产物的特异性,借此来鉴定细菌的种类。在肠杆菌科和弧菌科细菌的鉴定中,生理生化试验占有重要地位,常用作区分种、属的重要依据之一。

微生物对大分子物质,如淀粉、蛋白质和脂肪等不能直接利用,必须依靠产生的胞外酶将大分子物质分解后,才能被微生物吸收利用。胞外酶主要为水解酶,通过加水裂解大分子物质为较小的化合物,使其能被运输至细胞内。如淀粉酶水解淀粉为小分子的糊精、双糖和单糖,脂肪酶水解脂肪为甘油和脂肪酸,蛋白酶水解蛋白质为氨基酸等,这些过程均可通过观察细菌菌落周围的物质变化来证实。如淀粉遇碘液会产生蓝色,但细菌水解淀粉的区域,用碘液测定时,不再产生蓝色,表明细菌产生淀粉酶。脂肪水解后产生脂肪酸可降低培养基的 pH,加入培养基的中性红指示剂会使培养基从淡红色转变为深红色,说明细胞外存在脂肪酶。

1. 碳水化合物代谢试验

由于细菌各自具有不同的酶系统,对糖的分解能力不同,有的能分解某些糖产生酸和气体,有的虽能分解糖产生酸,但不产生气体,有的则不分解糖。据此可对分解产物进行检测从而鉴别细菌。主要包括:糖(醇、苷)类发酵试验、氧化型-发酵型(O/F)测定试验、邻硝基酚 $\beta - D -$ 半乳糖苷试验(ONPG 试验)、甲基红(MR)试验、乙酰甲基甲醇(VP)试验。

(1) 糖(醇、苷)类发酵试验

细菌分解糖的能力与该菌是否含有分解某种糖的酶密切相关,是受遗传基因所决定的,是细菌的重要表型特征,有助于鉴定细菌,含糖培养基中加入指示剂,若细菌分解糖则产酸或产酸产气,使培养基颜色改变,从而判断细菌是否分解某种糖或其他碳水化合物。

糖发酵试验是常用的鉴别微生物的生化反应,在肠道细菌的鉴定上尤为重要,绝大多数细菌都能利用糖类作为碳源,但是它们在分解糖类物质的能力上有很大的差异,有些细菌能分解某种糖产生有机酸(如乳酸、醋酸、丙酸等)和气体(如氢气、甲烷、二氧化碳等),有些细菌只产酸不产气。例如,大肠杆菌能分解乳糖和葡萄糖产酸并产气;伤寒杆菌分解葡萄糖产酸不产气,不能分解乳糖;普通变形杆菌分解葡萄糖产酸产气,不能分解乳糖。发酵培养基含有蛋白胨、指示剂(溴甲酚紫)、倒置的德汉氏小管和不同的糖类。当发酵产酸时,溴甲酚紫指示剂可由紫色(pH6.8)转变为黄色(pH5.2)。气体的产生可由倒置的德汉氏小管中有无气泡来证明。

(2) 氧化型-发酵型(Oxidation-Fermentation,O/F)测定试验

不同细菌对不同的糖分解能力及代谢产物不同,这种能力因是否有氧的存在而异,有氧条件下称为氧化,无氧条件下称为发酵。这在区别微球菌与葡萄球菌、肠杆菌科成员中尤其有意义。O/F 试验即葡萄糖氧化发酵试验。细菌对糖类的利用类型包括发酵型、氧化型和产碱型。Hugh 和 Leifson 设计出 Hugh-Leifson 培养基(HLGB)以鉴定细菌从糖类产酸是属于氧化型产酸或发酵型产酸。在细菌鉴定中,糖类发酵产酸是一项重要依据。细菌对糖类的利用有两种类型:一种是从糖类发酵产酸,不需要以分子氧作为最终受氢体,称发酵型产酸;另一种则以分子氧作为最终受氢体,称氧化型产酸。前者包括的菌种类型为多数。氧化型产酸量较少,所产生的酸常常被培养基中的蛋白胨分解时所产生的胺所中和,而不表现产酸。

氧化型细菌在有氧的条件下才能分解葡萄糖,无氧的条件下不能分解葡萄糖;发酵型细菌在有氧无氧条件下均可分解葡萄糖;不分解葡萄糖的细菌称为产碱型。根据糖管的色泽变化可鉴别细菌(图 10-1)。

基于此原理,Hugh 和 Leifson 提出一种含有低有机氮的培养基,用以鉴定细菌从糖类产酸是属氧化型

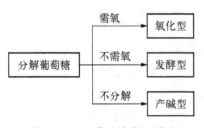

图 10-1 细菌对糖类的利用

产酸或发酵型产酸。这一试验广泛用于细菌鉴定。一般用葡萄糖作为糖类代表。也可利用这一基础培养基来测定细菌从其他糖类或醇类产酸的能力。

（3）邻硝基酚β-D-半乳糖苷试验（O-Nitrophenyl-β-D-galactopyranoside，ONPG 试验）

细菌分解乳糖依靠两种酶的作用，一种是β-半乳糖苷酶透性酶（β-galactosidasepermcase），它位于细胞膜上，可运送乳糖分子渗入细胞。另一种为β-半乳糖苷酶（β-galactosidase），亦称乳糖酶（Lactase），位于细胞内，能使乳糖水解成半乳糖和葡萄糖。具有上述两种酶的细菌，能在 24～48 h 发酵乳糖，而缺乏这两种酶的细菌，不能分解乳糖。乳糖迟缓发酵菌只有β-半乳糖苷酶（胞内酶），而缺乏β-半乳糖苷酶透性酶，因而乳糖进入细菌细胞很慢，而经培养基中 1% 乳糖较长时间的诱导，产生相当数量的透性酶后，能较快分解乳糖，故呈迟缓发酵现象。ONPG 可迅速进入细菌细胞，被半乳糖苷酶水解，释出黄色的邻位硝基苯酚（Orthonitrphenyl，ONP），故由培养基液变黄可迅速测知β-半乳糖苷酶的存在，从而确知该菌为乳糖迟缓发酵菌。

（4）甲基红（Methyl red，MR）试验

细菌分解培养基中的葡萄糖产酸，当产酸量大，使培养基的 pH 降至 4.5 以下时，加入甲基红指示剂而变红［甲基红的变色范围为 pH4.4（红色）- pH6.2（黄色）］，此为甲基红试验。

（5）乙酰甲基甲醇试验（Voges-Proskauer 试验，简称 VP 试验）

某些细菌在糖代谢过程中，能发酵葡萄糖产生丙酮酸，丙酮酸在羧化酶的催化下脱羧后形成活性乙醛，后者与丙酮酸缩合、脱羧形成为乙酰甲基甲醇。乙酰甲基甲醇在碱性条件下被空气中的氧气氧化成为二乙酰，二乙酰和蛋白胨中精氨酸胍基起作用产生粉红色的化合物，此为 VP 试验阳性。不生成红色化合物者为反应阴性。如果培养基中胍基太少，可加入少量的肌酸或肌酸酐等含胍基化合物，使反应更为明显。

2. 蛋白质和氨基酸代谢试验

不同种类的细菌分解蛋白质的能力不同。细菌对蛋白质的分解，一般先由胞外酶将复杂的蛋白质分解为短肽（或氨基酸），渗入菌体内，然后再由胞内酶将肽类分解为氨基酸。微生物除了可以利用各种蛋白质和氨基酸作为氮源外，在缺乏糖类物质时，也可以利用它们作为能源。主要包括：明胶液化试验、吲哚（靛基质）试验、硫化氢试验、脲酶试验、苯丙氨酸脱氨酶试验、氨基酸脱羧酶试验等。

（1）明胶液化试验

明胶是由胶原使蛋白水解产生的蛋白质，在 25℃ 以下可维持凝胶状态，以固体形式存在，而在 25℃ 以上明胶会液化。有些微生物可产生明胶酶的胞外酶，水解这种蛋白质，而使明胶液化，甚至在 4℃ 仍能保持液化状态。

（2）吲哚（靛基质）试验

有些细菌（如大肠杆菌）能产生色氨酸酶，分解蛋白质中的色氨酸产生吲哚，吲哚与对二氨基苯甲醛作用，形成玫瑰吲哚而成红色。

（3）硫化氢试验

细菌分解含硫氨基酸，产生 H_2S，与培养基中的醋酸铅或 $FeSO_4$ 发生反应，形成黑色

的硫化铅或硫化亚铁。醋酸铅或三糖铁培养基是常用的培养基,多为含有乳糖、葡萄糖和蔗糖或甘露醇三糖、三糖尿素、三糖铁尿等。它们在使用和配制方法上都各有其突出之点,但同时也都存在着一些不足之处。含有乳糖、葡萄糖和甘露醇的三糖铁尿培养基能重点而全面地反映出各种细菌的生化反应,有效地起到了过滤和初步鉴定的双重作用,因而应用更普遍。

（4）脲酶试验

细菌分解尿素产生 2 个分子 NH_3,使培养基 pH 升高,指示剂酚红显示出红色,即证明细菌含有脲酶。

（5）苯丙氨酸脱氨酶试验

若细菌具有苯丙氨酸脱氨酶,能将培养基中的苯丙氨酸脱氨变成苯丙酮酸,酮酸能使二氯化铁指示剂变为绿色。变形杆菌和普罗威登斯菌以及莫拉氏菌具有苯丙氨酸脱氨酶,可作为阳性对照,用于其他细菌的鉴定。

（6）氨基酸脱羧酶试验

这是肠杆菌科细菌的鉴别试验,用以区分沙门氏菌（通常为阳性）和枸橼酸杆菌（通常为阴性）,若细菌能从赖氨酸或鸟氨酸脱去羧基（—COOH）,导致培养基 pH 变大,指示剂溴麝香草酚蓝就显示出蓝色,试验结果为阳性。若细菌不脱羧,培养基不变则为黄色。鉴定其他细菌,可选用沙门氏菌和枸橼酸杆菌分别作为阳性和阴性对照菌株。

3. 碳源和氮源利用试验

经常测试的项目为枸橼酸盐利用试验。以枸橼酸钠为唯一碳源,磷酸铵为唯一氮源,若细菌能利用这些盐作为碳源和氮源而生长,则利用枸橼酸钠产生碳酸钠,与利用铵盐产生的 NH_4^+ 反应,形成 NH_4OH,使培养基变碱,pH 升高,指示剂溴麝香草酚蓝由草绿色变为深蓝色,判为阳性结果。

4. 各种酶类试验

经常测试的项目有氧化酶试验和过氧化氢酶试验（触酶试验）。

（1）氧化酶试验

测定细菌细胞色素氧化酶的产生,阳性反应限于那些能够在氧气存在下生长的同时产生细胞内细胞色素氧化酶的细菌。

（2）过氧化氢酶试验（触酶试验）

本试验是检测细菌有无触酶的存在。过氧化氢的形成看作是糖需氧分解的氧化终末产物,因为 H_2O_2 的存在对细菌是有毒性的,细菌产生酶将其分解,这些酶为触酶（过氧化氢酶）和过氧化物酶。

【实验方法】

1. 碳水化合物代谢试验

（1）糖发酵实验

1）微量发酵管法:取某一种细菌的 24 h 纯培养物分别接种到葡萄糖、乳糖、麦芽糖、甘露醇、蔗糖培养基内,开口朝下,置灭菌培养皿中。37℃培养24 h,观察结果并记录。

　　如果接种进去的细菌可发酵某种糖或醇,则可产酸,使培养基由紫色变成黄色[培养基内指示剂溴甲酚紫由 pH7.0(紫色)-pH5.4(黄色)],如果不发酵,则仍保持紫色。如发酵的同时又产生气体,则在微量发酵管内积有气泡。

结果判定	用符号表示	
无变化	-	培养液仍为紫色
产　酸	+	培养液变为黄色
产酸又产气	⊕	培养液变黄,并有气泡

　　2)带德汉氏小管的试管发酵法(图10-2)

　　取葡萄糖发酵培养基试管3支,分别接入大肠杆菌、普通变形杆菌,第三支不接种,作为对照。另取乳糖发酵培养基试管3支,同样分别接入大肠杆菌、普通变形杆菌,第三支不接种,作为对照。

　　接种后,轻缓摇动试管,使其均匀,防止倒置的小管进入气泡。将接过种和作为对照的6支试管均置37℃中培养24~48 h。

　　观察各试管中颜色变化及德汉氏小管中有无气泡。

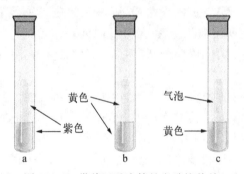

扫一扫看彩图

图10-2　带德汉氏小管的发酵培养基

a. 培养前的情况　b. 培养后产酸不产气　c. 培养后产酸产气

　　(2)氧化型-发酵型(O/F)测定

　　1)细菌接种:18~24 h 的幼龄菌种,穿刺接种在 Hugh-Leifson 培养基中,每株菌接4管,其中2管用油封盖(凡士林和液体石蜡按1:1比例混合后灭菌),也可于接种后滴加溶化的1%琼脂液于表面进行封盖,约加0.5~1 cm厚,以隔绝空气为闭管。另2管不封油为开管,同时还要有不接种的闭管作对照。适温培养1、2、4、7d 观察结果。

　　2)结果观察:① 氧化型产酸:仅开管产酸,氧化作用弱的菌株往往先在上部产碱(1~2 d),后来才稍变酸。② 发酵型产酸:开管及闭管均产酸,如产气,则在琼脂柱内产生气泡。

　　(3)ONPG 试验

　　取一环细菌纯培养物接种在 ONPG 培养基上置37℃培养1~3 h 或24 h,如果产生β-半乳糖苷酶,会在3 h 内产生黄色的邻硝基酚;如无此酶,则在24 h 内不变色。购不到ONPG 时,可用5%的乳糖,并降低蛋白胨含量为0.2%~0.5%,可使大部分迟缓发酵乳糖的细菌在 1d 内发酵。

（4）MR 试验

取一种细菌的 24 h 培养物,接种于葡萄糖蛋白胨水培养基中,置 37℃ 培养 48~72 h,取出后加甲基红试剂 3~5 滴,凡培养液呈红色者为阳性,以"+"表示;橙色者为可疑,以"±"表示;黄色者为阴性,以"-"表示。

（5）VP 试验

取一种细菌的 24 h 纯培养物,接种于葡萄糖蛋白胨水培养基中,置 37℃ 培养 48~72 h。取出后在培养液中先加 VP 试剂甲液（5% α-萘酚无水乙醇溶液）0.6 mL,再加乙液（40% 氢氧化钾水溶液）0.2 mL,充分混匀。静置在试管架上,15 min 后培养液呈红色者为阳性,以"+"表示;不变色为阴性,以"-"表示。1 h 后可出现假阳性:或者可以用等量的硫酸铜试剂于培养液中混合,静置,强阳性者约 5 min 后就可产生粉红色反应。

2. 蛋白质和氨基酸代谢试验

（1）明胶液化试验

分别穿刺接种被检菌,于明胶培养基内,置 22℃ 下培养 18~24 h,观察明胶液化状况。明胶低于 20℃ 凝成固体,高于 24℃ 则自行呈液化状态。因此,培养温度最好在 22℃,但有些细菌在此温度下不生长或生长极为缓慢,则可先放在 37℃ 培养,再移置于 4℃ 冰箱经 30 min 后取出观察,具有明胶液化酶者,虽经低温处理,明胶仍呈液态而不凝固。明胶耐热性差,若在 100℃ 以上长时间灭菌,能破坏其凝固性,此点在制备培养基时应注意。

（2）吲哚（靛基质）试验

1）试管试验法:以接种环将待检菌新鲜斜面培养物接种于 Dunham 氏蛋白胨水溶液中,置 37℃ 培养 24~48 h（可延长 4~5 d）;于培养液中加入戊醇或二甲苯 2~3 mL,摇匀,静置片刻后,沿试管壁加入 Ehrlich 氏或 Kovac 氏试剂 2 mL。

2）斑点试验法:将一片滤纸放在培养皿的盖子上或一张载玻片上;滴加 1~1.5 mL 试剂液于滤纸上使其变湿;取 18~24 h 血琼脂平板培养物涂布于浸湿的滤纸上;在 1~3 min 内棕色的试剂由紫红变为红色者为阳性。

3）加热试验法:将一小指头大的脱脂棉,滴上两滴 Ehrlich 氏试剂,再在同一处滴加两滴高硫酸钾（$K_2S_2O_8$）饱和水溶液,置于含培养液的被检试管中,离液面约 1.5 cm;将被检试管放入烧杯或搪瓷缸水浴煮沸为止;脱脂棉上出现红色者为阳性。若将试剂加到液体中,吲哚和粪臭素均呈阳性反应,而用此法,只是吲哚（具挥发性）呈阳性反应。

（3）硫化氢试验

1）培养基:可用成品微量发酵管、半固体醋酸铅琼脂或半固体三糖铁琼脂斜面。

2）微量法:取一种细菌纯培养物,接种于 H_2S 微量发酵管中,置 37℃ 培养 24 h 后观察结果。培养液呈黑色者为阳性,以"+"表示,无色者为阴性,以"-"表示。

3）常量法:用接种针蘸取纯培养物,沿试管壁穿刺接种醋酸铅琼脂或三糖铁培养基,37℃ 培养 24~48 h 或更长时间,培养基变黑者为阳性。或将纯培养物接种于肉汤、肝浸汤琼脂斜面或血清葡萄糖琼脂斜面,在试管壁和棉花塞间夹一 6.5 cm×0.6 cm 大小的试纸条（浸有饱和醋酸铅溶液）,培养于 37℃,观察,纸条变黑者为阳性。

（4）脲酶试验

用接种环将待检菌培养物接种于尿素琼脂斜面，不要穿刺到底，下部留作对照。置37℃培养，1~6 h 检查（有些菌分解尿素很快），有时需培养24 h 到6 d（有些菌则缓慢分解尿素）。琼脂斜面由粉红到紫红色者，为阳性反应。

（5）苯丙氨酸脱氨酶试验

将被检菌18~24 h 培养物取出，向试管内注入0.2 mL（或4~5滴）10%$FeCl_3$溶液于生长面上，变绿色者为阳性。

（6）氨基酸脱羧酶试验

从琼脂斜面挑取培养物少许，接种于试验用培养基内，上面加一层灭菌液体石蜡。将试管放在37℃培养4 d，每天观察结果。阳性者培养液先变黄后变为蓝色，阴性者为黄色。

3. 碳源和氮源利用试验——枸橼酸盐利用试验

使用 Simon 氏枸橼酸钠微量发酵管或琼脂斜面培养基。

（1）微量法

取纯培养细菌接种于枸橼酸盐培养基内，置37℃，培养48~72 h，如培养基由草绿色变为深蓝色为阳性，以"+"表示，否则为阴性，以"-"表示，肠杆菌、枸橼酸杆菌和一些沙门氏菌种产生阳性反应，可见菌体生长良好或培养基显为深蓝色。

（2）常量法

将被检菌纯培养物或单个菌落划线于枸橼酸钠琼脂斜面并在37℃培养24~48 h。肠杆菌、枸橼酸杆菌和一些沙门氏菌种产生阳性反应，可见菌体生长良好或培养基显为深蓝色。

4. 各种酶类试验

（1）氧化酶试验

加2~3滴新鲜配制的1%四甲基对苯二胺（N，N，N，N′ - Tetramethyl-p-phenylenediamine）试剂于滤纸上，用牙签挑取1个菌落到纸上涂布，观察菌落的反应。阳性反应在5~10 s 内由粉红到黑色，15 min 后可出现假阳性反应；也可将试液滴在细菌的菌落上，菌落呈玫瑰红然后到深紫色者为阳性。也可在菌落上加试液后倾去，再徐徐滴加用95%乙醇配制的1%的α-萘酚溶液，当菌落变成深蓝色者为氧化酶阳性。

（2）过氧化氢酶试验（触酶试验）

用接种环将一菌落放于载玻片的中央，加1滴新鲜配制的3% H_2O_2 于菌落上，立即观察有无气泡出现，也可在菌落和 H_2O_2 混合物之上放一张盖玻片，可帮助检出轻度反应，还可降低细胞的气溶胶颗粒的形成。或直接将3% H_2O_2 加到培养物的琼脂斜面或平板上直接观察有无气泡出现（血琼脂平板除外）。

【实验报告】

1. 微量发酵管法实验中分别记录每一个菌株的所有糖发酵管结果。

2. 带德汉氏小管的发酵将试验结果填入表10-1中。"+"表示产酸或产气，"-"表示不产酸或不产气。

表 10 - 1　糖发酵试验结果

糖类发酵	大肠杆菌	普通变形杆菌	对　照
葡萄糖发酵			
乳糖发酵			

3. 解释所做生化试验原理。

4. 详细记录每个菌株对各种生化反应的试验结果。

【思考题】

1. 根据生理生化试验进行菌种鉴定的准确性如何？如何避免误判现象？

2. 试述生化试验在细菌鉴定中有何重要意义。

【细菌微量发酵管(各种生化试验)照片实例】

扫一扫看彩图

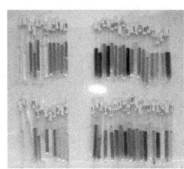

a. 细菌发酵前

b. 细菌发酵后

扫一扫看彩图

c. 嗜水气单胞菌细菌发酵前

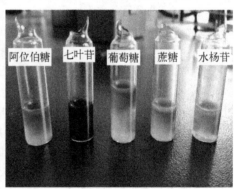

d. 嗜水气单胞菌细菌发酵后

图 10 - 3　细菌微量发酵实验

说明：图 10 - 3d 28℃培养 24 h 后,其中七叶苷颜色变为黑色,其他试管颜色从蓝色变为黄色,表明细菌可发酵该种糖类,判为阳性。从实验结果可以看出水杨苷、蔗糖、阿拉伯糖、葡萄糖被发酵的程度依次减弱。水杨苷几乎全部被发酵变为黄色,其余还有部分为蓝紫色。嗜水气单胞菌可发酵以上 5 种糖类,可鉴定为嗜水气单胞菌。

实验十一　物理、化学因素对微生物生长的影响

【实验目的】

1. 了解理化因素对微生物生长的影响。
2. 理解紫外线杀灭微生物细胞的原理。
3. 学会设计实验测试一些环境因素对微生物影响的方法与步骤。

【实验内容】

探究渗透压、温度、紫外线等物理因素和各种化学因素对微生物生长的影响。

【实验材料及仪器用品】

1. 实验材料

菌种：大肠杆菌（*Escherichia coli*）、金黄色葡萄球菌（*Staphylococcus aureus*）和枯草芽孢杆菌（*Bacillus subtilis*）。

2. 仪器用品

水浴锅、温箱、紫外灯、无菌试管、无菌培养皿、无菌移液管等。

【实验原理】

1. 渗透压对微生物的影响

微生物在等渗溶液中可正常生长繁殖，在高渗溶液中细胞失水，生长受到抑制，在低渗溶液中，细胞吸水膨胀。因为大多数微生物具有较为坚韧的细胞壁，细胞一般不会裂解，可以正常生长，但低渗溶液中溶质（包括营养物质）含量低，在某种情况下，也会影响微生物的生长。另一方面，不同类型微生物对渗透压变化的适应能力不尽相同，大多数微生物在 NaCl 浓度 0.5%~3% 条件下正常生长，在 10%~15% 以上条件下生长受到抑制，但某些极端嗜盐菌可在 30% 以上 NaCl 浓度条件下仍可正常生长。

2. 温度对微生物的影响

温度对微生物细胞的生物大分子（蛋白质及核酸等）稳定性、酶的活性、细胞膜的流动性和完整性等方面有重要影响，过高温度会导致蛋白质（酶）及核酸变性失活，细胞膜破坏等，而过低温度会使酶活性受抑制，细胞新陈代谢活动减弱。因此，每种微生物只能在一定的温度范围内生长，都具有自己的最低、最适和最高生长温度。嗜冷微生物（psychrophiles）可在 0℃ 生长，最适生长温度约为 15℃，最高生长温度在 20℃ 左右。嗜温微生物（mesophiles）一般在 20~45℃ 范围内生长，大多数微生物都属于这一类。嗜热微生物（thermophiles）可在 55℃ 以上生长，而超嗜热微生物（hyperthemophiles）最适生长温度高于 80℃，最高生长温度可高于 100℃。

3. 紫外线(ultra violet，UV)对微生物的影响

自然界的主要紫外线光源是太阳，人工的紫外线光源有多种气体的电弧(如低压汞弧、高压汞弧)。紫外线是位于日光高能区的不可见光线。紫外线对人体皮肤的渗透程度是不同的。紫外线的波长愈短，对人类皮肤危害越大。短波紫外线可穿过真皮，中波则可进入真皮。紫外线根据自身波长分为：

长波紫外线(UVA)：320~400 nm，使皮肤变黑，晒黑段，室内紫外线(玻璃、衣物、塑料也无法阻挡)。

中波紫外线(UVB)：280~320 nm，使皮肤变红，晒伤/晒红段，户外紫外线。

短波紫外线(UVC)：200~280 nm，灼伤皮肤，皮肤癌，灭菌紫外线。

真空紫外线(UVD)：100~200 nm，由于被地球大气阻挡，我们感觉不到它的影响。

紫外线杀菌灯发出的就是UVC，它的穿透能力最弱，无法穿透大部分的透明玻璃及塑料。但UVC极易被生物体的DNA吸收并破坏DNA，尤以253.7 nm左右的紫外线最佳。微生物细胞内的双链DNA分子，在紫外线的照射下，一条链上的DNA分子内部，相邻的嘧啶间形成胸腺嘧啶二聚体，从而引起双链结构扭曲与变形，阻碍DNA复制中的碱基间正常配对，进而抑制或阻断基因组的复制与拷贝，最终可使微生物发生许多有害突变或直接造成细胞的死亡。

4. 化学因素对微生物的影响

常用化学消毒剂包括有机溶剂(酚、醇、醛等)、重金属盐、卤素及其化合物、染料和表面活性剂等。有机溶剂使蛋白质(酶)和核酸变性失活，破坏细胞膜。重金属盐类也可以使蛋白质和核酸变性失活，或与细胞代谢产物螯合使之变为无效化合物。碘与蛋白质酪氨酸残基不可逆结合而使蛋白质失活，氯与水作用产生强氧化剂使蛋白质氧化变性。低浓度染料可抑制细菌生长，革兰氏阳性菌比革兰氏阴性菌对染料更加敏感。表面活性剂可改变细胞膜透性，也能使蛋白质变性。通常以石炭酸为标准确定化学消毒剂的杀(抑)菌能力，用石炭酸系数(酚系数)表示。将某种消毒剂做系列稀释，在一定时间及条件下，该消毒剂杀死全部试验菌的最高稀释倍数与达到同样效果的石炭酸最高稀释倍数的比值被称为该消毒剂的石炭酸系数，石炭酸系数数值越大，说明该消毒剂对试验菌杀(抑)菌能力越强。

【实验方法】

1. 渗透压对微生物的影响

1) 配制含盐平板培养基：NaCl含量分别为2%，10%和20%。

2) 接种：将平板分成2个面积相等的区域，用接种环分别挑取一环菌样，在相应的区域划线接种(图11-1)。

3) 37℃培养24 h，观察并记录生长情况。

2. 温度对微生物的影响

1) 取8支无菌试管标记为1~8，每支试管含有5 mL液体培养基。

2) 接种：向每支试管加入0.2 mL测试菌种并编号。

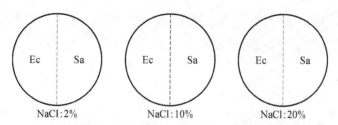

图 11-1　不同 NaCl 含量平板的大肠杆菌和金黄色葡萄球菌划线接种

Ec. 大肠杆菌；Sa. 金黄色葡萄球菌

大肠杆菌(*Escherichia coli*)：1、3、5、7；枯草芽孢杆菌(*Bacillus subtilis*)：2、4、6、8。

3) 耐温测试(图 11-2)

大肠杆菌(Ec)：#1(50℃, 10 min), #3(50℃, 20 min), #5(100℃, 10 min), #7(100℃, 20 min)。

枯草芽孢杆菌(Bs)：#2(50℃, 10 min), #4(50℃, 20 min), #6(100℃, 10 min), #8(100℃, 20 min)。

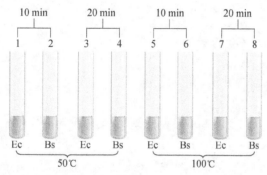

图 11-2　不同温度和时间对大肠杆菌和枯草芽孢杆菌的影响

Ec. 大肠杆菌；Bs. 枯草芽孢杆菌

3. 紫外线对微生物的影响

1) 接种平板：取 0.2 mL 金黄色葡萄球菌菌液滴加到平板培养基上，再涂布均匀。

2) 紫外线照射处理：培养皿盖打开 1/2，在紫外灯下照射 30 min，一半平板不照射紫外线用作对照(因紫外线对玻璃的穿透力很弱)(图 11-3)。

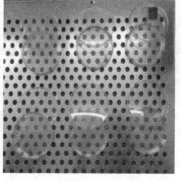

扫一扫看彩图

图 11-3　紫外线对微生物生长的影响

3）37℃培养24 h,观察并记录生长情况。

4. 化学因素对微生物的影响

1）接种（两块平皿固体培养基）：取0.2 mL测试菌液滴加到平皿培养基上,再涂布均匀。

2）将每块平皿分为4份,分别贴上药敏纸片（图11-4）。

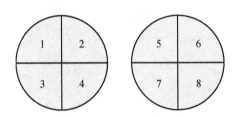

图11-4　药敏纸片贴图示意

① 2.5%碘酒;② 5%洗洁精;③ 5%石炭酸;④ 1%的来苏尔;⑤ 1/500 福尔马林;⑥ 0.05%龙胆紫;⑦ 0.1%新洁尔灭;⑧ 75%乙醇。

3）37℃培养24 h,观察并记录生长情况。

【实验报告】

根据实验结果,记录以上实验中不同物理、化学因素对微生物生长的影响。

【思考题】

1. 大肠杆菌、金黄色葡萄球菌和枯草芽孢杆菌这三种细菌对温度、盐度的耐受性如何?

2. 紫外线杀菌的原理是什么?

【物理化学因素对微生物生长的影响实例】

扫一扫看彩图

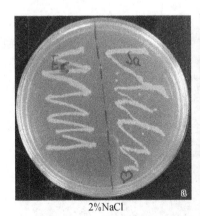
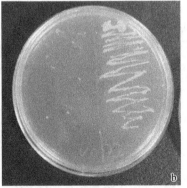

2%NaCl　　　　　　　　　　　　10%NaCl

图11-5　渗透压（盐度）对微生物生长的影响

a. 在含2%NaCl的平板上,大肠杆菌（Ec）和金黄色葡萄球菌（Sa）均生长良好;b. 在含10%NaCl的平板上,大肠杆菌（Ec）生长不好,金黄色葡萄球菌（Sa）仍生长较好

图 11-6　温度对微生物生长影响

第 1、2、3、4、6 管细菌生长良好；第 5、7、8 管细菌不生长；Ec 代表大肠杆菌，Bs 代表枯草
芽孢杆菌

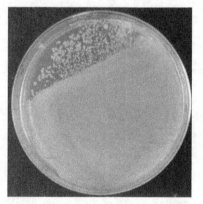

图 11-7　紫外线对微生物生长的影响

被平板盖遮挡的部分，紫外线不能穿透，金黄色葡萄球菌生长旺
盛(下半部分)；未被平板盖遮挡的部分，紫外线照射后，金黄色
葡萄球菌生长较少(上半部分)

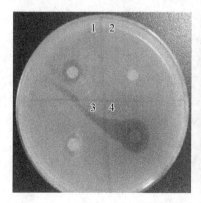
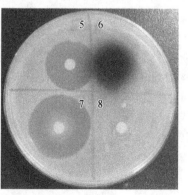

图 11-8　各种化学因素对微生物生长的影响

两块平板上 1、2、3、4、5、6、7、8 区域分别代表 2.5%碘酒、5%洗洁精、5%石炭酸、1%来苏尔、1/
500 福尔马林、0.05%龙胆紫、0.1%新洁尔灭、75%乙醇药敏纸片对大肠杆菌抑菌圈的大小

实验十二　细菌药物敏感试验
（K-B纸片扩散法）

【实验目的】

1. 掌握基于K-B纸片扩散法的细菌药物敏感试验的原理和基本技术。

2. 巩固细菌培养和无菌操作技术。

【实验内容】

1. 无乳链球菌（*Streptococcus agalactiae*）悬液制备。

2. 浸润有抗菌药物的纸片贴置于涂布平板上，使用游标卡尺测量抑菌圈直径。

【实验材料与仪器用品】

1. 实验材料

菌株：无乳链球菌（-80℃冷冻保存）。

2. 仪器用品

酒精灯、接种环、镊子、血球计数板、涂布棒、脑心浸液肉汤（brain heart infusion，BHI）培养基、药敏纸片、生化培养箱、游标卡尺。

【实验原理】

1. 细菌药物敏感实验

病原细菌分离后，开展药物敏感性试验能为精准用药提供参考。细菌药敏实验常用方法分为测量药物最低抑菌浓度（minimal inhibitory concentration，MIC）的肉汤稀释法和琼脂稀释法，测量含药纸片抑菌圈直径大小的K-B（Kirby-Bauer）纸片琼脂扩散法及稀释法和扩散法相结合的E-test实验（Epsilometer test）。

2. K-B纸片扩散法

K-B纸片扩散法是目前应用广泛的药物敏感性测定方法，该方法是将浸润有抗菌药物的纸片贴置于涂有受试细菌的琼脂平板上，抗菌药物在琼脂平板上扩散，其浓度呈梯度递减，受试细菌受到药物抑制，经培养后会在琼脂平板形成一个抑菌圈，通过测定抑菌圈的直径即可判定受试菌对药物的敏感性。

【实验方法】

K-B纸片扩散法主要包括细菌悬液制备、细菌浓度调整、细菌涂布、纸片贴置、抑菌圈测定等步骤。

1. 细菌悬液制备

用接种环从琼脂平板挑取纯培养单菌落接种于5 mL肉汤培养基，将培养试管放置于

28℃生化培养箱,250 r/min 振荡培养 24 h。

2. 细菌浓度调整

使用血球计数板,对经过 24 h 振荡培养的细菌计数,用受试菌的液体培养基将细菌浓度调整为(1~2)×10^8 CFU/mL。

3. 细菌涂布

用微量移液器吸取 100 μL 菌液于固体琼脂培养基,用无菌涂布棒将菌液均匀涂布于培养基表面。

注意:涂布棒经酒精灯灼烧灭菌后,需充分冷却后,方可涂布;在细菌涂布过程中,用力要适度和均匀,切勿因用力过猛或不均造成固体培养基损坏,从而无法贴置药片。

4. 纸片贴置

用无菌镊子取药敏纸片,贴于平板表面,并用镊尖轻压一下纸片,使其贴平。每张纸片的间距不小于 24 mm,纸片的中心距平板的边缘不小于 15 mm,90 mm 直径的平板最多贴 6 张药敏纸片。

5. 抑菌圈测定

将贴好药敏纸片的平板,静置且正置于 28℃生化培养箱,培养 18~24 h,用游标卡尺测量抑菌圈直径。

【实验报告】

记录游标卡尺测量的抑菌圈直径,根据抑菌圈的大小(不同抗生素其抑菌圈大小的标准不一致),判断为敏感(S)、耐药(R)或中介度敏感(I)。

【思考题】

1. 采用 K-B 纸片扩散法进行细菌敏感试验的优点和缺点。

2. 为何需将贴好药敏纸片的平板于 28℃生化培养箱"静置且正置"培养?

【细菌药物敏感实验结果图片实例】

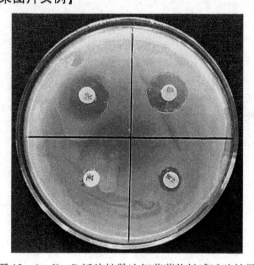

图 12-1　K-B 纸片扩散法细菌药物敏感试验结果

实验十三 大肠杆菌生长曲线的制作

【实验目的】

1. 通过细菌数量的测量了解大肠杆菌的生长特征与规律,绘制生长曲线。
2. 掌握光电比浊法测量细菌数量的方法。

【实验材料及仪器用品】

1. 实验材料

菌种:大肠杆菌(*Escherichia coli*)。

培养基:LB 液体培养基 70 mL,分装 2 支大试管(5 mL/支),剩余 60 mL 装入 250 mL 的三角烧瓶。

2. 仪器用品

分光光度计、水浴振荡摇床、无菌试管和无菌吸管等。

【实验原理】

在合适的条件下,一定时期的大肠杆菌细胞每 20 min 分裂一次。将一定量的细菌转入新鲜培养液中,在适宜的培养条件下细胞要经历延迟期、对数期、稳定期和衰亡期 4 个阶段。以培养时间为横坐标,以细菌数目的对数或生长速率为纵坐标所绘制的曲线称为该细菌的生长曲线。不同的细菌在相同的培养条件下其生长曲线不同,同样的细菌在不同的培养条件下所绘制的生长曲线也不相同。测定细菌的生长曲线,了解其生长繁殖的规律,对于人们根据不同的需要,有效地利用和控制细菌的生长具有重要意义。

当光线通过微生物菌悬液时,由于菌体的散射及吸收作用使光线的透过量降低。在一定范围内,微生物细胞浓度与透光度呈反比,与光密度成正比;而光密度或透光度可以通过光电池精确测出(图 13-1)。因此,可利用一系列菌悬液测定的光密度(*OD* 值)及其

扫一扫看彩图

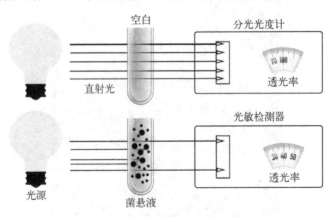

图 13-1 比浊法测定细胞密度原理

含菌量,作出光密度(OD值)-菌数的标准曲线,然后根据样品液所测得的光密度,从标准曲线中查出对应的菌数。

光电比浊计数法的优点是简便、迅速,可以连续测定,适合于自动控制。但是,由于光密度或透光度除了受菌体浓度影响之外,还受细胞大小、形态、培养液成分与颜色以及所采用的光波长等因素的影响,因此,应使用相同的菌株和培养条件制作标准曲线。光波的选择通常在400~700 nm之间。某种微生物选用准确的波长则需根据不同的微生物最大吸收波长及其稳定性试验而确定。另外,颜色太深的样品或在样品中含有其他的干扰物质的悬液不适合用此法进行测定。

【实验方法】

1. 标记

取11支无菌试管,用记号笔分别标明培养时间,即0 h、1.5 h、3 h、4 h、6 h、8 h、10 h、12 h、14 h、16 h和20 h。

2. 接种

分别用5 mL无菌吸管吸取2.5 mL大肠杆菌过夜培养液(培养10~12 h)转入盛有50 mL LB液的三角烧瓶内,混合均匀后分别取5 mL混合液放入上述标记的11支无菌试管中。

3. 培养

将已接种的试管置水浴振荡摇床37℃振荡培养(振荡频率250 r/min),分别培养0 h、1.5 h、3 h、4 h、6 h、8 h、10 h、12 h、14 h、16 h和20 h,将标有相应时间的试管取出,立即放4℃冰箱中贮存,最后一起比浊测定其光密度值。

4. 比浊测定

用未接种的LB液体培养基作空白对照,选用600 nm波长进行光电比浊测定。从较早取出的培养液开始依次测定,对细胞密度大的培养液用LB液体培养基适当稀释后测定,使其光密度值在0.1~0.65之间。

附简易方法

1. 用1 mL无菌吸管吸取0.25 mL大肠杆菌过夜培养液转入盛有3~5 mL LB液的试管中,混匀后将试管直接插入分光光度计的比色槽中,比色槽上方用自制的暗盒将试管及比色暗室全部罩上,形成一个大的暗环境,另以一支盛有LB液但没有接种的试管调零点,测定样品中培养0小时的OD值。测定完毕后,取出试管置37℃继续振荡培养。

2. 分别在培养1.5 h、3 h、4 h、6 h、8 h、10 h、12 h、14 h、16 h和20 h时,取出培养物试管按上述方法测定OD值。该方法准确度高,操作简便。但须注意的是使用的2支试管要很干净,其透光程度愈接近,测定的准确度愈高。

【实验报告】

1. 将测定的结果填入表13-1中。

表 13 - 1　细菌培养液 *OD* 值培养结果

培养时间/h	对照	0	1.5	3	4	6	8	10	12	14	16	20
OD 值												

2. 绘制大肠杆菌生长曲线(图 13 - 2)。

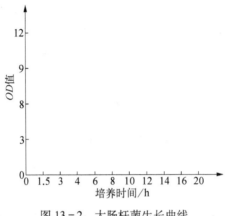

图 13 - 2　大肠杆菌生长曲线

【思考题】

结合光电比浊计数法的原理,其与用活菌计数法制作的生长曲线有何不同,它们各有什么优缺点?

第二部分

水生动物病原微生物学
综合型和研究型实验

　　第二部分,水生动物病原微生物学综合型和研究型实验,共6个实验,均为水生动物病原的特色实验项目,旨在训练学生的专业综合技能。涉及常见水生动物的细菌(嗜水气单胞菌、副溶血弧菌和灿烂弧菌)以及病毒(白斑综合征病毒和锦鲤疱疹病毒)的毒力测试、病原培养、人工感染、分离和鉴定方法,以及鱼体表及肠道正常菌群的分离、鉴定及保藏等实验内容。可根据所在实验室的具体情况进行选做。

实验十四　副溶血弧菌对斑马鱼的半数致死剂量(LD$_{50}$)测定

【实验目的】

1. 利用 Bliss 法计算副溶血弧菌对斑马鱼的半数致死剂量(LD$_{50}$)。
2. 了解细菌的培养及人工感染方法。

【实验材料及仪器用品】

1. 实验材料

菌株：致病性副溶血弧菌(*Vibrio parahaemolyticus*,Vp),菌株编号 Vp13。

实验用鱼：实验用斑马鱼为 AB 品系成鱼,体长约为 4 cm,10 月龄,大小、健康状况基本相同。实验前至少驯养 7 d,使适应实验环境,但不适宜长期饲养(<2 个月),实验前停食 1 d,以防剩余的饵料及粪便影响水质。驯养期间,死亡率不得超过 5%。

2. 仪器用品

培养皿、干燥箱、灭菌锅;塑料水族箱(90 L)、加热棒、充气泵、酒精灯、接种环、酒精棉、1 mL 无菌注射器、试管、火柴、一次性手套、橡胶手套、口罩;营养琼脂、TCBS 培养基、0.85%生理盐水、LBS 液体培养基、MS－222 麻醉剂。离心机(品牌:Eppendorf,型号:5810R)、恒温摇床(品牌:Innova,型号:40R)等。

【实验原理】

副溶血弧菌(*Vibrio parahaemolyticus*,Vp)是目前最为严重的人兽共患病的病原之一,其来源十分广泛,不但是重要的海水动物弧菌病的病原,给水产养殖业造成极大的经济损失,而且极易引起食物中毒、肠胃炎等疾病,严重的可导致败血症甚至死亡,对人类健康危害巨大。该菌毒力因子众多,致病机理复杂。副溶血弧菌在 TCBS 培养基上形成特征性的绿色菌落,可作为鉴别培养的标志之一。利用毒力基因,如耐热直接溶血素(thermostable direct hemolysin, TDH)、TDH 相关溶血素(TDH-related hemolysin, TRH)、不耐热溶血毒素(thermolabile hemolysin, TLH)等评价细菌的致病特性已得到普遍认可,但运用这些毒力因子进行检测仍不能较好地判断不同菌株之间的毒力差异。最直接的方法是运用动物模型来进行半数致死剂量(median lethal dosage, LD$_{50}$)的测定。LD$_{50}$ 的概念最早于 1927 年由英国生物学家 Trevn 提出,用导致一半动物死亡的剂量来表示药物的毒性大小。根据医学主题词表的定义,LD$_{50}$ 是指能杀死一半试验总体的有害物质、有毒物质或游离辐射的剂量。一般是用有毒物质质量和实验生物质量之比进行表示(mg/kg 或 CFU/mL)。而毒力大小的判断对副溶血弧菌流行病学意义重大。LD$_{50}$ 是判断毒力大小的最直接指标。

LD$_{50}$ 现今已经广泛应用于医学、药学、动物医学(兽医学)、植物医学(植物保护学)、微生物学、生态学、毒理学等生命科学研究领域,成为衡量毒性大小的重要参数,在病原菌(包括人类、动植物的病原菌)的毒力评价中成为经典的方法,很难被替代。目前较为常用的方法有3种:一种是改良寇氏法,要求是正态分布,即最低剂量呈现反应率0%($Pn=0$),最高剂量出现反应率100%($Pm=1$),才能得到精确结果;一种是Bliss法,计算比较精确可靠,卫生部要求新药必须用Bliss法进行LD_{50}测定评估;第3种方法是累积法,累积法也称ReeD-Muench法,在微生物学中比较常用,但结果比较粗略。

Bliss法:又称加权法,是目前最为可靠、精确的LD_{50}测定方法。早期,因为其计算过程太过烦琐,故难以得到推广。但随着计算机的普及,研究者更多运用基于Bliss法的计算程序计算LD_{50}。本文运用Bliss软件计算LD_{50}。大体计算过程为:

1) 在坐标纸上,用对数剂量与经验概率单位(yem)构成点绘制直线,并由直线找出各对数剂量相当的概率单位称期望概率单位(Y)。

2) 计算作业概率单位(y),对Y值进行校正,$y = (Y - P/Z) + P/Z$ 或者 $y = (Y + Q/Z) - Q/Z$;将各点进行加权(nw),用X^2作直线性检验。

3) 如果各个点不显著偏离直线,即可进行回归直线方程计算,如果由直线方程得到的期望概率单位(Y_1)与前次的不够接近,则需对Y_1再次校正;将各X值代入方程$Y_1 = \bar{y} + b(X - \bar{x})$。

4) 反应率等于0.5时,将$Y_2 = 5$代入方程:$Y_2 = \bar{y} + b(X - \bar{x})$得到的值即为$LD_{50}$的对数值($m$)。

【实验方法】

1. 实验准备

(1) 实验菌株的活化和扩大培养

将-80℃冰箱终浓度为15%甘油保存的Vp13副溶血弧菌菌株在TCBS平板上分离纯化,37℃培养箱内培养过夜。挑取单克隆接种到3 mL LBS液体培养基,置于37℃摇床,200 r/min培养过夜。将过夜菌液重新接种到新的LBS液体培养基摇菌,16 h左右测$OD600$,平板计数后备用。将$OD600$为1.26的菌液(约$1.60×10^8$ CFU/mL)4 000 r/min离心10 min,弃上清,用0.85%生理盐水清洗沉淀3遍,加入1/100 LBS体积的0.85%生理盐水悬浮沉淀,菌液浓度为$1.60×10^{10}$ CFU/mL,并将此菌液进行10^{-1}、10^{-2}、10^{-3}、10^{-4}倍稀释得到浓度分别为 $1.6×10^9$ CFU/mL、$1.6×10^8$ CFU/mL、$1.6×10^7$ CFU/mL、$1.6×10^6$ CFU/mL的菌液备用。

(2) Vp人工感染斑马鱼的预实验

为确定正式试验所需浓度范围,我们选取较大范围的浓度梯度,各浓度分别为 $1.6×10^{10}$ CFU/mL、$1.6×10^9$ CFU/mL、$1.6×10^8$ CFU/mL、$1.6×10^7$ CFU/mL 和 $1.6×10^6$ CFU/mL。每个浓度随机3尾鱼,不设平行组,实验持续48~96 h。每日至少两次记录各容器内的死亡率,并及时取出死鱼。求出24 h 100%死亡的浓度和96 h无死亡的浓度。如果依此预实验结果无法确定正式实验所需的浓度范围,应另选其他浓度范围再次进行预实验。

2. Vp 人工感染斑马鱼的正式实验

根据预实验结果 3 倍梯度稀释浓度为 $1.6×10^9$ CFU/mL 的菌液,使浓度梯度分别为 $5.3×10^8$ CFU/mL、$1.8×10^8$ CFU/mL、$6.0×10^7$ CFU/mL、$2.0×10^7$ CFU/mL 和 $6.7×10^6$ CFU/mL,进行斑马鱼感染实验。采用腹腔注射的人工感染方式,10 尾斑马鱼/组,10 μL 菌悬液/尾鱼。同时设阴性对照组,注射等量 0.85% 生理盐水。每组设 3 个平行实验。接种后,各组分开饲养于不同的水族箱中,定时观察。统计 12 h、24 h、36 h、48 h、72 h 及 96 h 的累积死亡数,死亡数取 3 个平行数据的平均值。

【实验报告】

水生动物致病菌株 Vp13 感染斑马鱼后,试验结果显示,当注射浓度为 $5.3×10^8$ CFU/mL 的菌液 12 h 时,斑马鱼即全部死亡,为急性感染。注射生理盐水的对照组感染期间未发现死亡现象。运用 Bliss 法计算得到的 LD_{50} 为 $3.6×10^7$ CFU/mL(表 14-1)。

表 14-1　Bliss 法计算 Vp13 感染斑马鱼 96 h LD_{50}

剂量回归概率 单位(Y)	剂量对数 (x)	受试动物数	死亡动物数	死亡率%	实验概率 单位(Y)	回归概率 (Y)
$5.3×10^8$	8.724	10	10	100	—	6.688 4
$1.8×10^8$	8.255	10	8	80	5.841 5	6.008 1
$6.0×10^7$	7.778	10	6	60	5.252 9	5.316 1
$2.0×10^7$	7.301	10	3	30	4.476	4.624 1
$6.7×10^6$	6.826	10	2	20	4.158 5	3.935 2
生理盐水	—	10	0	0	—	—

回归方程 $Y_{(Probit)} = -5.965\ 2 + 1.450\ 4\ Log(X)$,半数致死量 $LD_{50} = 3.632\ 4×10^7$ CFU/mL,LD_{50}(Feiller 校正)95% 的可信限 $= 1.587×10^7$~$7.242\ 6×10^7$ CFU/mL。

【思考题】

1. 正式进行 LD_{50} 实验前进行预试验有什么作用?

2. 对于长期传代培养的细菌,如何增强其毒力?

【副溶血弧菌及其感染斑马鱼的图片实例】

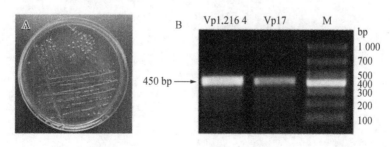

扫一扫看彩图

图 14-1　溶血弧菌及毒力基因

A. TCBS 培养基上的副溶血弧菌菌落；B. PCR 检测 TLR 基因的目的条带(450 bp)
Vp1.216 4 和 Vp17 分别来源于水产和临床致病菌株

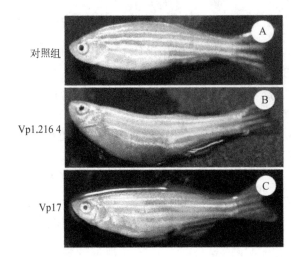

图 14-2　腹腔注射副溶血弧菌的症状

A. 生理盐水对照(0.85% NaCl)；B. Vp1.2164 菌株；C. Vp17 菌株

实验十五 嗜水气单胞菌人工感染异育银鲫及病原菌的分离与鉴定

【实验目的】

1. 通过致病性嗜水气单胞菌人工感染异育银鲫,了解细菌的培养及人工感染方法。

2. 观察嗜水气单胞菌感染鱼体后所造成的疾病症状,包括体表(如眼睛、鱼鳍、肛门等处)以及体内(鳃、肝、脾、肾、肠道、腹水等)的病理变化特征。

3. 掌握病原菌的体外及体内分离、培养方法,掌握细菌传统鉴定及 16S rRNA 分子鉴定方法,验证科赫法则的正确性。

【实验材料及仪器用品】

1. 实验材料

菌株:实验室保藏致病性嗜水气单胞菌(*Aeromonas hydrophilia*, Ah),菌株编号 Ah-js16。

2. 仪器用品

培养皿、干燥箱、灭菌锅;塑料水族箱(90 L)、加热棒、充气泵、解剖刀、解剖盘、剪刀、镊子、酒精灯、接种环、酒精棉、1 mL 无菌注射器、试管、火柴、一次性手套、橡胶手套、口罩;营养琼脂、无菌脱纤维羊(兔)血、血琼脂基础培养基、AHM 培养基(*Aeromonas hydrophila* medium)、RS(Rimler-Shotts)琼脂、0.85%生理盐水、MS-222 麻醉剂。

【实验原理】

1. 科赫法则

科赫法则(Koch postulates)又称证病律,通常是用来确定感染性疾病病原的操作程序。主要包括以下四部分内容:

1) 在每一病例中都出现相同的微生物,且在健康者体内不存在;

2) 要从寄主分离出这样的微生物并在培养基中得到纯培养(pure culture);

3) 用这种微生物的纯培养接种健康而敏感的宿主,同样的疾病会重复发生;

4) 从试验发病的寄主中能再次分离培养出同种微生物出来。

如果进行了上述 4 个步骤,并得到确实的证明,就可以确认该微生物即为该疾病的病原菌。

2. 嗜水气单胞菌所致疾病特征

嗜水气单胞菌(*Aeromonas hydrophilia*)属于弧菌科(Vibrionaceae)、气单胞菌属

（*Aeromonas*），为革兰氏阴性短杆菌，极端单鞭毛，有运动力，没有芽孢及荚膜，是引起主要养殖淡水鱼类细菌性败血症的病原，可导致多种水生动物的细菌性败血症，是典型的人-兽-鱼共患病的病原。临床上以急性出血性败血症为主要特征，症状为病鱼出现体表充血及内脏出血，肛门红肿，腹部膨大，各鳍基部出血，腹腔内积有淡黄色透明腹水或者红色混浊腹水，轻轻挤压肛门处会出现淡黄色透明腹水，鳃、肝、肾颜色变淡，肝、脾、肾肿大，脾脏紫黑，肌肉有大量出血点，鳔及体壁有出血点。致病性嗜水气单胞菌可产生气溶素（aerolysin）、溶血毒素（hemolytic toxin）、细胞毒性肠毒素（cytotoxic enterotoxin）、胞外蛋白酶（extracellular protease），主要表现为机体肠道积液，红细胞裂解，损坏毛细血管，引起败血、出血、组织细胞溶解，组织渗透性增加等。致病性嗜水气单胞菌的检验程序参见附录五。

【实验方法】

1. 实验准备

（1）实验鱼的驯养

实验鱼来自正常健康、活力旺盛的异育银鲫（30 g±2 g），放置在加有网罩的 90 L 已曝气 48 h 的水族箱中，用加热棒逐步升温，每天 2~4℃ 直至升温至 28℃，每天正常喂养，保持溶氧充足大约在 5 mg/L 左右，pH 为 6.7~8.0。每天及时换水，保持水质清新。

（2）实验菌株的活化和扩大培养

取液体石蜡保藏的菌种，无菌操作转接到营养琼脂斜面，28℃ 培养 24 h，然后把活化好的菌种转接到普通营养肉汤中，28℃ 150 r/min 摇床振荡培养 24 h，备用。

2. 人工感染

感染方法包括浸泡、创伤感染、肌肉注射以及腹腔注射，本实验采用腹腔注射，感染快速、效果较好。

1）取培养好的肉汤，用移液管将菌液转移到 2 mL 的离心管中，8 000 r/min 离心 5 min，弃上清液，沉淀用无菌生理盐水洗涤，振荡均匀，离心；如此洗涤三次，用麦氏比浊法使其浓度稀释至 $1.0×10^8$ CFU/mL，备用。

2）麻醉剂制备：取 1 mL MS‒222 放入装有 10 L 水的塑料桶或水族箱中，搅拌均匀。

3）实验前异育银鲫停食 24 h，使其空腹，放入麻醉剂中待其麻醉后立即用 1 mL 无菌注射器取菌悬液（注意不要有空气），进行鱼体腹腔注射，注射部位为胸鳍到肛门之间。先用酒精棉擦拭注射部位，保持注射器与鱼体呈 30~40° 的角度，每尾注射 0.3 mL，放入水族箱中，保持饲养箱水温在 28℃ 左右，溶氧充足，pH 正常；从鱼体恢复正常开始观察并记录发病情况。

3. 病原菌的分离、培养

1）观察：分别观察记录人工感染后 4 h、8 h、16 h、24 h 鱼体症状，对于有病状的鱼、濒临死亡的鱼或刚死不久的鱼，重点观察其体表、肛门、鳍条根部、鳃、上下颌等部位的症状，可轻轻挤压肛门观察是否有淡黄色腹水流出。

2）病鱼的解剖：将待解剖的病鱼或刚死的鱼放置于解剖盘中，用酒精棉球对鱼体体表进行彻底消毒，用灭菌剪刀从病鱼肛门处向前剪开，再沿侧线向前剪开至鳃腔边缘，向下剪至胸鳍基部，用无菌镊子揭开腹壁，暴露腹腔及内脏，观察肝、脾、肾、肠道、鳔、体壁的症状特征。

3）病原菌的分离：在鳃及血液处用灼烧灭菌过的接种环轻轻旋转2～3圈后，在营养琼脂平板表面划线分离；对实质性内脏组织（心、肝、脾、肾）等部位进行细菌分离时，用解剖刀在火焰上灼烧，迅速按在内脏组织表面，以便烫死组织表面的杂菌，用剪刀在灼烧处剪开一个小口，用接种环过火焰灭菌后，沿小口插入组织内部轻轻旋转2～3圈，取出接种环，在营养琼脂平板表面划线分离。左手紧握普通营养琼脂平板，使其垂直于桌面以免落入杂菌，靠近酒精灯火焰，右手持带有组织病原的接种环与平板呈30～45°角进行“Z”字形四区划线。用记号笔注明材料部位、时间、分离者姓名等主要信息，将平板倒置于28℃细菌培养箱中，培养24 h，观察菌落形态，挑选平板上的优势菌落转接到试管斜面，28℃恒温培养24 h。

4）挑选优势菌落转接到肉汤中培养重新人工感染鲫鱼，观察与第一次感染症状是否一致，如一致则该菌即为病原菌；如不一致则要反复多次进行感染验证。

4. 细菌传统鉴定方法

细菌的鉴定方法主要包括传统鉴定和现代分类鉴定两种方法。这两种鉴定方法相辅相成、互为印证。细菌传统鉴定方法包括形态、生理生化、生态、生活史、血清学反应等。一般结合菌株和实际条件进行有选择地应用。本实验所用的传统鉴定方法主要包括：生长特性、菌落特征、革兰氏染色、运动力检查、氧化酶试验、吲哚试验、糖发酵实验、细菌的致病性检查等。

（1）观察菌落特征

挑选分离出的病原菌划线在普通营养琼脂平板、RS选择培养基，28℃培养24 h，观察菌落特征。在普通营养琼脂平板上，嗜水气单胞菌的菌落形态为边缘光滑、中部突起、无色或淡黄色，有特殊气味；在RS培养基上，嗜水气单胞菌的菌落形态边缘光滑、中部突起、颜色变为黄色。

（2）革兰氏染色

在一干净载玻片上滴加一滴蒸馏水。用接种环取培养基表面菌落少许在载玻片上与蒸馏水混合并均匀涂布。自然干燥，火焰固定。加草酸铵结晶紫染液染1～2 min，流水冲洗，加革兰氏碘液作用1～2 min，流水冲洗，甩干或吸水纸吸干后，用95%乙醇冲洗20～30 s，加复红酒精染液染1 min。流水冲洗，干燥，镜检。嗜水气单胞菌应为革兰氏阴性、短杆菌。

（3）细菌运动力检查

用接种针挑取氧化酶阳性的单个菌落少许，在AHM鉴别培养基上呈三角形穿刺，28℃培养24 h，观察菌落特征。结果：细菌沿穿刺线呈刷状生长，即运动力阳性；部分菌株顶部呈黑色。

（4）氧化酶试验

用接种环挑取普通营养琼脂平板上单个菌落少许,涂在浸有1%盐酸二甲基对苯二胺的滤纸片上。50 s内观察细菌涂布处的颜色。若细菌涂布处出现蓝色,判为阳性。嗜水气单胞菌反应为阳性。初步判定为嗜水气单胞菌。

（5）吲哚试验

在长有细菌的培养基顶部,滴加3~4滴Kovacs试剂,60 s内若沿试管内壁出现红色环者,表明产生吲哚,判为阳性。嗜水气单胞菌反应为阳性。

（6）糖发酵试验

用接种环取培养基表面菌落少许,分别接种于葡萄糖、蔗糖、阿拉伯糖、七叶苷及水杨苷5种糖发酵试管。28℃培养24 h。其中七叶苷颜色变为黑色,其他试管颜色从蓝色变为黄色,表明细菌可发酵该种糖类,判为阳性。嗜水气单胞菌可发酵以上5种糖类。可鉴定为嗜水气单胞菌。

（7）细菌的致病性检查

挑选分离出的典型菌落,分别在血琼脂平板、1%脱脂奶蔗糖胰蛋白胨琼脂平板,28℃培养24 h,分别观察是否有溶血性及是否产生胞外蛋白酶。致病性嗜水气单胞菌因产生溶血素,在血琼脂平板上28℃培养24 h可出现透明的β溶血环;因产生胞外蛋白酶,在1%脱脂奶蔗糖胰蛋白胨琼脂平板上28℃培养24 h可出现清晰透明的溶蛋白圈。根据以上结果,可判定为致病性嗜水气单胞菌。

（8）实验结果

嗜水气单胞菌菌落边缘光滑、中部突起、无色或淡黄色,有特殊气味,革兰氏阴性、短杆菌,氧化酶阳性,有运动力,可在RS培养基上长出边缘光滑、中部突起、颜色为黄色的菌落,在AHM培养基上菌落顶部为紫色,底部为淡黄色;在AHM培养基上,细菌沿穿刺线呈刷状生长,部分菌株顶部呈黑色;吲哚阳性,可发酵葡萄糖、蔗糖、阿拉伯糖、七叶苷及水杨苷等5种糖类,在28℃培养24 h,在血琼脂平板上出现β溶血圈,在1%脱脂奶蔗糖胰蛋白胨琼脂平板上可出现清晰透明的溶蛋白圈。

5. 细菌的现代分类鉴定方法

包括微生物遗传型的鉴定、细胞化学成分的鉴定以及数值分类法三种方法。

（1）微生物遗传型的鉴定

核酸分析鉴定微生物的遗传型,包括DNA碱基比例（G+C）mol%的测定、核酸分子杂交、rRNA寡核苷酸编目、全基因组基因序列测序四种方法。

1）DNA碱基比例的测定:DNA碱基比例是指（G+C）mol%值（guanine plus cytosine base mole percent）,简称"GC比",它表示DNA分子中鸟嘌呤（G）和胞嘧啶（C）所占的摩尔百分比值。不同生物的（G+C）mol%含量是不同的,生物种之间的亲缘关系越远,其（G+C）mol%含量差别就越大,反之亦然。尽管如此,作为一个特定种不同菌株其（G+C）mol%是相同的:种内各株可差2.5%~4.0%;若相差<2%为同种;不同种相差5%以上;若相差>10%为不同属。

种内菌株间（G+C）mol%相差不超过4%~5%,属内菌株间相差不超过10%,相差低于 2% 时没有分类学意义。如果两个菌株的(G+C)mol% 差异大于 5%，就可以判定这两株菌不属于同一个种。

2) 核酸分子杂交：核酸分子杂交是按碱基互补配对原理，根据 DNA 解链的可逆性和碱基配对的专一性，用人工方法对 2 条不同来源的单链核酸进行复性(reanealing，即退火)，以重新构建一条新的杂合双链核酸的技术，称为核酸杂交。

若同源性 70% 以上为种的水平，20% 以上可能是属的水平。

3) rRNA 寡核苷酸编目：进化过程中 rRNA 是高度保守的，各区域的变化相对于其他区域是独立的。这种特性使得 rRNA 成为分类很有意义的"分子钟"。

细菌 rRNA 根据其沉降率的不同可分为 3 种：23S，16S，5S。16S rRNA 序列的测定是近年来新兴起的一种鉴定细菌种属的方法。通过 rRNA 的同源性比较可在一定程度上说明进化亲缘关系的远近。凡是 16S rRNA 序列同源性大于 97% 的两株细菌即可确定为同一种。目前建议的标准是，99%~100% 全序列相似性的细菌，判定为同一个种，97%~99% 相似者，定为同一个属。现代细菌学倾向于细菌的基因型特征结合表型特征进行分类，公认的方法是依据细菌 16S rRNA 序列进行分类。

rRNA 测序优点：① 它们普遍存在于一切原核生物和真核生物的细胞内；② 它们的生理功能既重要又恒定；③ 在细胞中的含量较高、较易提取；④ 编码 rRNA 的基因十分稳定，GC 比在 53% 左右；⑤ rRNA 的某些核苷酸序列非常保守，虽经 30 余亿年的进化历程仍能保持其原初状态，细胞中的"化石"；⑥ 相对分子质量适中。尤其是 16S rRNA 和 18S rRNA(适用于真核生物)不但核苷酸数适中，而且信息量大、易于分析，故成了理想的研究材料。

由于 16S rRNA 序列分析成为目前细菌分类鉴定的"金标准"，所以下面主要介绍 16S rRNA 寡核苷酸测序方法。

例：16S rRNA 寡核苷酸测序方法

实验材料

细菌基因组抽提试剂盒(上海生工生物工程技术服务有限公司)；PCR 试剂：Master Mix 2x，通用引物 1492R、27F(上海美吉生物技术公司)，DL2000 DNA Marker(北京天根生物科技有限公司)。营养肉汤、离心机、电泳仪、电泳槽、凝胶成像仪、PCR 仪。

实验方法

用接种环挑取典型单菌落接种于营养肉汤液体培养基中，28℃ 摇床 150 r/min 培养 24 h，离心收集菌体，用 DNA 试剂盒提取细菌的基因组 DNA。采用细菌 16S rDNA 通用正向引物 27F 和反向引物 1 492 R，以细菌的基因组 DNA 为模板进行 16S rDNA 序列的 PCR 扩增。

引物的序列为：

27F： 5′—AGAGTTTGATCCTGGCTCAG—3′；

1492R：5′—TACGGCTACCTTGTTACGACTT—3′。

16S rDNA 序列的 PCR 扩增程序：

PCR 扩增反应体系：

$$\begin{cases}10\times PCR\ Buffer & 2.5\ \mu L \\ dNTP(2\ mM) & 2.5\ \mu L \\ 引物\ 27f & 0.5\ \mu L \\ 引物\ 1\ 492r & 0.5\ \mu L \\ Taq\ DNA\ 聚合酶(5U/\mu L) & 0.5\ \mu L\end{cases}$$

MgCl₂(25 mM) 1.5 μL
模板 DNA 1.0 μL
灭菌 ddH₂O 16 μL

MgCl$_2$(25 mM)   1.5 μL

模板 DNA   1.0 μL

灭菌 ddH$_2$O   16 μL

加液完成后,台式高速离心机离心 10 s,使溶液集中在离心管的底部,然后放入 PCR 仪中反应。

PCR 扩增反应条件:

95℃预变性 3 min
95℃变性 1 min ⎫
50℃复性 1 min ⎬ 循环 25 次
72℃延伸 2 min ⎭
72℃延伸 10 min

反应共需要约 2 h。

将扩增产物送到专业公司进行测序。将所测得的序列在 NCBI 网站(http://www.ncbi.nlm.nih.gov)的 BLAST 程序在线比对测序结果(见附录七)。根据比对的结果,从数据库选取与所分析的细菌基因序列同源性较高的已知相关序列,采用 Clustel W version1.8 进行比对,利用 Mega 6.0 采用邻接(Neigh-bour Joining,简称 NJ)法构建系统发育树(PHYLIP, version 3.5),表明该病原菌的进化地位。然后提交网站,获得细菌序列号(见附录八)。

4) 全基因组基因序列测序:目前主要采用第 2 代测序技术。提取基因组 DNA,然后随机打断,电泳回收所需长度的 DNA 片段(0.2~5 kb),加上接头,进行基因簇 cluster 制备或电子扩增 E-PCR,最后利用 Paired-End(Solexa)或者 Mate-Pair(SOLiD)的方法对插入片段进行测序。然后对测得的序列组装成 Contig,通过 Paired-End 的距离可进一步组装成 Scaffold,进而可组装成染色体等。组装效果与测序深度覆盖度、测序质量等有关。目前最新的第 3 代测序技术是单分子实时测序。如 Helicos 公司推出的遗传信息分析系统(Heliscope/Helicos Genetic Analysis System)、Pacific Biosciences 公司推出的 SMRT 技术和 Oxford Nanopore Technologies 公司的纳米孔单分子技术。与第 1 代、第 2 代测序技术相比,第 3 代测序技术的成本大大降低。

(2) 细胞化学成分的鉴定

包括细胞壁化学组分、全细胞水解液的糖型、磷酸类脂成分的分析、枝菌酸的分析、醌的分析。

(3) 数值分类法

数值分类法(numerical taxonomy)是一种依据数值分析的原理,借助现代计算机技术对拟分类的微生物对象按大量表型性状的相似程度进行统计、归类的方法。数值分类法分类的基本步骤:① 计算两菌株间的相似系数;② 列出相似度矩阵(similarity metrices);③ 将矩阵图转换成树状谱(dendrogram)。

6. 实验鱼及菌株处理

实验解剖后的感染鱼及分离菌株应该经 121℃ 灭菌 15 min 处理后再弃去,感染后的实验鱼及分离菌株均有传染性,如果未经处理直接进入外界环境中,会对生态环境造成严重的损害,因此要对实验后的菌株和感染鱼进行无害化处理。

【实验报告】

1. 本实验以小组为单位,4~5 人为一组,实验过程全程拍照或录像,用于记录具体操作流程、实验鱼的症状、实验结果等内容。

2. 每组交一份实验报告,全面总结本次实验的全部内容,并包括心得体会等。

【思考题】

1. 试述科赫法则的局限性(或适用范围)。

2. 细菌的传统鉴定方法和 16S rRNA 鉴定方法各有哪些优缺点?

【学生实验操作及结果展示】

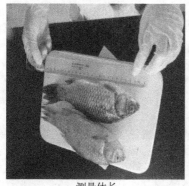

测量体长　　　　　　　　　　　　测量体重

图 15-1　测量异育银鲫的体长和体重

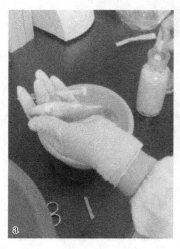

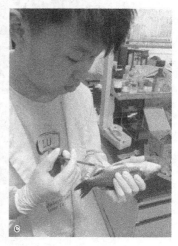

图 15-2　异育银鲫的人工感染(Ah 细菌)

a. 注射前的体表消毒;b. 吸取菌悬液;c. 腹腔注射

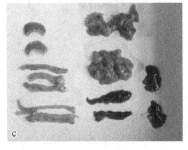

扫一扫看彩图

图 15-3 Ah 感染后病鱼的解剖

a. 实验组和对照组解剖前；b. 打开腹腔；c. 分离出的实质性脏器

扫一扫看彩图

图 15-4 再次分离细菌接种到微量生化发酵管中

a. 接种前微量生化发酵管；b. 接种中；c. 接种后变化
说明：七叶苷颜色由蓝色变为黑色，其他试管颜色从蓝色变为黄色，表明细
菌可发酵葡萄糖、蔗糖、阿拉伯糖、七叶苷及水杨苷这五种糖，判为阳性

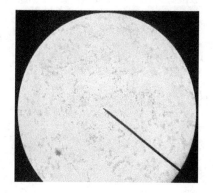

图 15-5　革兰氏染色

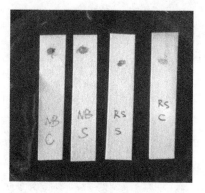

图 15-6　氧化酶试验

扫一扫看彩图

说明：图 15-6 中，用接种环挑取 RS 培养基和普通营养琼脂平板上单个菌落少许，涂在浸有 1% 盐酸二甲基对苯二胺的滤纸片上，50 s 内观察细菌涂布处的颜色。若细菌涂布处出现蓝色，判为阳性。初步判为嗜水气单胞菌

图 15-7　吲哚试验

a. Ah 在固体斜面培养基中，从试管顶部，滴加 3～4 滴 Kovacs 试剂，60 s 内试管底部出现红色环，表明产生吲哚，判为阳性；b. Ah 在液体培养基中，从试管顶部，滴加 3～4 滴 Kovacs 试剂，60 s 内若沿试管内壁出现红色环者，表明产生吲哚，判为阳性

扫一扫看彩图

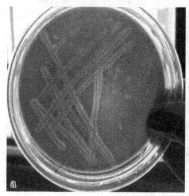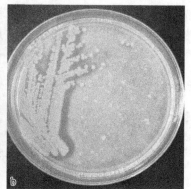

图 15-8　嗜水气单胞菌的致病性检查

a. 在血琼脂平板上出现 β 溶血圈；b. 1% 脱脂奶蔗糖胰蛋白陈琼脂平板上可出现清晰透明的溶蛋白圈

扫一扫看彩图

实验十六 灿烂弧菌感染刺参及病原菌的分离与鉴定

【实验目的】
1. 掌握刺参(*Apostichopus japonicus*)的细菌病原人工感染技术。
2. 观察灿烂弧菌感染刺参后所造成的主要症状。
3. 掌握灿烂弧菌的体外及体内分离、培养、鉴定方法。

【实验材料与仪器用品】

1. 实验材料

菌株:灿烂弧菌(*Vibrio splendidus*,Vs),菌株编号 AP622。

实验动物:刺参 5.0±0.2 g。

试剂:细菌基因组抽提试剂盒(北京天根生物科技有限公司),PCR 试剂和 DL2000DNA Marker(宝生物(大连)有限公司),特异正向引物 F、特异反向引物 R(上海生工生物工程技术服务有限公司)

2. 仪器用品

酒精灯、接种环、血球计数板、涂布棒、超干净工作台、灭菌锅、塑料水族箱(90 L)、生化培养箱、1 mL 无菌注射器、试管、一次性橡胶手套、2216E 培养基、离心机、电泳仪、电泳槽、PCR 仪、凝胶成像仪等。

【实验原理】
海水养殖动物的弧菌病 (Vibriosis)是一种流行范围广,危害严重的传染性疾病,其中灿烂弧菌(*Vibrio splendidus*)是致病菌之一,灿烂弧菌属弧菌科,弧菌属,革兰氏阴性杆菌,可运动,有极生单鞭毛,是刺参腐皮综合征的主要病原。发病刺参的主要症状包括:厌食、摇头、肿嘴、排脏、口肿溃烂、身体萎缩和体表大面积溃疡等。此病传染性强,波及面广,制约了刺参养殖产业的进一步发展,并造成巨大经济损失。

【实验方法】

1. 实验准备

(1) 实验动物的驯养

实验健康刺参平均体重为 5.0±0.2 g,经检查确认无"腐皮综合征"后,放置在 90 L 塑料水族箱中,暂养过程使用经紫外线消毒处理的过滤海水,水温在 17±0.7℃,pH 为 7.7±1.6,溶氧 5~6 mg/L,盐度 28~30 g/L,每日投喂体重 2%刺参饲料,每日吸底,每日换水量为总体积的1/3。

(2) 实验菌株的活化和扩大培养

取液氮保存菌株 AP622,在超净工作台划线接种到 2216E 固体培养基平板,将平板倒置于28℃生化培养箱培养24 h,用接种环从琼脂平板挑取活化的单菌落接种于盛有2216E 液体培养基的试管内,将试管放置于摇床内,28℃,250 r/min 振荡培养24 h。

2. 人工感染

刺参人工感染方法包括浸泡、创伤浸泡和腹腔注射,本实验采用腹腔注射。

1)用移液器将培养菌液转移至离心管中,5 000 r/min 离心10 min,弃上清,用无菌生理盐水振荡洗涤,如此反复3次,使用血球计数板计数,用无菌生理盐水将细菌浓度调整为1×10⁹ CFU/mL。

2)实验前刺参停食24 h,使其空腹,用塑料滤网轻缓捞出刺参后,立即用1 mL无菌注射器进行刺参腹腔注射,注射部位在腹面,口到肛门中心点处。先用酒精棉擦拭注射部位,保持注射器与刺参腹面呈30°~40°,每头刺参注射0.1 mL,注射完成后立即轻缓放入水族箱中,保持正常饲养条件,记录发病情况,对照组为相同处理方式注射相同剂量生理盐水。

3. 病原菌的分离、培养

(1)分别观察记录人工感染后4 h、8 h、16 h、24 h、48 h、72 h刺参症状,重点观察刺参运动情况、摄食情况、是否吐肠以及体表溃烂情况。

(2)用移液器吸取灭菌生理盐水,冲洗刺参体表溃烂处,用灭菌解剖刀在刺参体表溃烂处划开一道小口,用接种环过火焰灭菌后,深入刺参体表溃烂处小口内,轻轻转动2~3圈,抽出接种环,随后在2216E 固体培养基平板划线培养,平板倒置于28℃生化培养箱培养24 h,挑选优势菌落用于灿烂弧菌特异PCR鉴定。

4. 病原鉴定

本实验病原鉴定采用灿烂弧菌特异PCR鉴定方法。该方法的PCR引物根据灿烂弧菌16S~23S rDNA 间隔区序列设计,可以用于特异性检测灿烂弧菌。

用接种环挑取典型单菌落接种于2216E 液体培养基中,28℃摇床250 r/min 振荡培养24 h,离心收集菌体,用细菌基因组抽提试剂盒提取细菌总DNA。采用特异正向引物F和特异反向引物R,以灿烂弧菌的基因组DNA为模板进行PCR扩增。

16S~23S rDNA 间隔区序列的引物序列为:

F:5′—TATCACCCTTTACTGCG—3′;

R:5′—CCTGTTGTGAATACATAGC—3′。

PCR扩增反应体系:

10×PCR Buffer(含15 mmol/L MgCl₂)	2.5 μL
dNTP(2.5 mmol/L)	0.5 μL
引物F(10 mol/L)	1.25 μL
引物R(10 mol/L)	1.25 μL
Taq DNA 聚合酶(5 U/μL)	0.25 μL
模板DNA	1.0 μL
灭菌ddH₂O	18.25 μL

加液完成后,至小型台式离心机中离心 10 s,使溶液集中在离心管的底部,然后放入 PCR 仪中反应。

PCR 扩增反应条件:

94℃预变性　2 min

94℃变性　1 min

49℃复性　1.5 min ｝循环 35 次

72℃延伸　2.5 min

72℃延伸　10 min

目的条带约为 200 bp,并将所测得的序列在 NCBI 网站(http://www. ncbi. nlm. nih. gov)的 BLAST 程序在线比对测序结果,进一步确认。

5. 实验动物及菌株处理

实验结束后的菌株和感染刺参需经 121℃灭菌 15 min 后,再倒入环境中。

【实验报告】

1. 本实验以小组为单位,4~5 人为一组,实验过程全程拍照或录像,用于记录具体操作流程、实验刺参的症状、实验结果等内容。

2. 实验结束后每人提交一份实验报告,全面总结本次实验的内容,包括个人经验总结、心得体会等。

【思考题】

1. 试述基于特异引物 PCR 的细菌鉴定和 16S rDNA 的鉴定方法的优缺点。

2. 讨论血球计数板计数与平板培养细菌计数的优缺点?

【部分实验结果展示】

扫一扫看彩图

图 16-1　灿烂弧菌人工感染刺参

a. 健康刺参;b. 灿烂弧菌感染后发病刺参

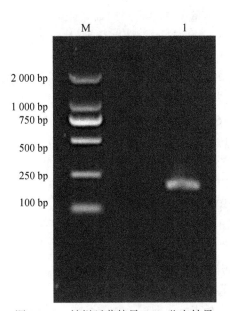

图 16-2　灿烂弧菌特异 PCR 鉴定结果

实验十七　大黄鱼体表、鳃及肠道菌群的分离、鉴定及保藏

【实验目的】

1. 掌握分离鉴定大黄鱼体表、鳃和肠道菌群的方法。
2. 了解大黄鱼肠道细菌的类别。
3. 巩固细菌鉴定的方法和菌种保藏的方法。

【实验材料及仪器用品】

1. 实验材料

实验鱼：大黄鱼(*Larimichthys crocea*)。

培养基：营养琼脂培养基、营养肉汤培养基、EMB 琼脂培养基、TCBS 琼脂培养基、微量生化发酵管(均为商品化培养基)。

试剂：细菌基因组抽提试剂盒(上海生工生物工程技术服务有限公司)；PCR 试剂：Master Mix 2x、通用引物 1492R 和 27F(上海美吉生物技术公司)、DL2000DNA Marker(北京天根生物科技有限公司)、无菌水。

2. 仪器用品

生化培养箱、厌氧手套箱、厌氧培养箱、震荡培养箱、接种棒、接种环、酒精灯、酒精棉、无菌棉线、无菌解剖工具、试管、培养皿、橡胶塞、灭菌锅、离心机、电泳仪、电泳槽、凝胶成像仪、PCR 仪。

【实验原理】

水生动物生活的水体中存在大量的各种微生物菌群，直接影响机体的健康，而且体表黏液、鳃及肠道内存在的细菌种类及数量与水体中的微生物密切相关，对鱼类的健康影响巨大，越来越受到科学家及养殖者的关注。弄清这些部位的细菌种类和数量，有利于进一步了解鱼体的健康状况，以便采取有力措施更有效地预防疾病的发生。

有研究表明，这些部位存在的细菌种类主要有：浮霉菌门、变形菌门、壁厚菌门、梭杆菌门，为了对这些细菌进行分析，选用伊红美蓝琼脂培养基、营养琼脂培养基、硫代硫酸盐柠檬酸盐胆盐蔗糖琼脂培养基进行培养。

伊红美蓝琼脂培养基(eosin methylene blue, EMB)是肠道菌群的鉴别培养基，为了观察某种糖被分解后是否产生酸的一种培养基。若糖被分解，菌落成深紫色；若不被分解，则成浅粉色。伊红 Y 和美蓝抑制绝大部分革兰氏阳性菌的生长。大肠杆菌可发酵乳糖产酸造成酸性环境时，这两种染料结合形成复合物，使大肠杆菌菌落带金属光泽的深绿色，而与其他不能发酵乳糖产酸的微生物区分开。沙门氏菌形成无色菌落。金黄色葡萄球菌基本上不生长。

营养琼脂培养基(nutrition agar)及营养肉汤培养基(nutrition broth)：提供细菌生长所需要的碳源、氮源、氨基酸和无机盐,用于细菌总数的计数。

硫代硫酸盐柠檬酸盐胆盐蔗糖琼脂培养基(thiosulfate citrate bile salts sucrose agar culture medium, TCBS)用于弧菌的分离与鉴定,如溶藻弧菌、创伤弧菌、霍乱弧菌、副溶血弧菌等的分离培养。培养基中的蛋白胨、酵母浸粉提供碳源、氮源、维生素和生长因子;氯化钠可刺激弧菌的生长;蔗糖是可发酵的糖类;胆酸钠、牛胆粉、硫代硫酸钠和柠檬酸钠及较高的 pH(8.6)可抑制革兰氏阳性菌和大肠菌群;霍乱弧菌对酸性环境比较敏感,因此该培养基可增强其生长;硫代硫酸钠与柠檬酸铁反应作为检测硫化氢产生的指示剂;溴麝香草酚兰和麝香草酚兰是 pH 指示剂;琼脂是培养基的凝固剂。利用指示剂来区分是否发酵蔗糖:副溶血弧菌不发酵蔗糖,菌落呈蓝绿色。霍乱弧菌、溶藻弧菌发酵蔗糖产酸,菌落呈黄色。TCBS 常用于致病性弧菌的选择性分离,是 GB2008、SN 标准指定培养基。

芽孢杆菌的分离原理:芽孢的耐热性较高,80℃下,一般细菌都会死去,而芽孢杆菌会形成芽孢。当环境适合细菌生长的时候,芽孢会复苏。通过芽孢染色可以观察到芽孢。

若分离肠道中的厌氧菌群,可将样品在厌氧手套箱中操作,以及厌氧培养箱等严格的厌氧培养设备。

【实验方法】

1. 实验鱼解剖、样品制备

(1)体表黏液(mucus,M)样品制备

试验前,称量鱼体的体重和体长。用无菌手术刀刮取鱼体表黏液 0.1 mL 于 1.5 mL 离心管中(一式两份:一份用作菌群分离,一份用作芽孢杆菌的分离),加入 0.9 mL 0.85%的无菌生理盐水混匀,作为原液,设为 10^{-1}。

(2)鳃(gill,G)样品的制备

用无菌剪刀剪下部分鳃丝,用无菌生理盐水冲洗数遍,称重后以 1:10(W:V)的比例加入灭菌生理盐水混合,用灭菌匀浆器充分研磨,研磨的样品为原液,设为 10^{-1}。

(3)肠道(intestinal, I)样品的制备

用 75%的酒精棉球擦拭实验鱼进行体表消毒,打开腹腔,用酒精棉球擦拭消化道外壁后,分别在肛门和前、中、后肠的交界处,用无菌棉线分别结扎前肠、中肠和后肠部位,各取约 0.5 cm 长的组织混合在一起作为样品。用无菌生理盐水冲洗肠道数遍,称重后以样品重量:生理盐水体积比=1:10 的比例(这里取样品 0.1 g 加入 1 mL 无菌生理盐水,一式两份,同上)加入灭菌生理盐水混合,用灭菌匀浆器充分研磨(注意研磨过程中不可过热,可冰浴),研磨的样品为原液,设为 10^{-1}。

2. 接种培养

1)分别取鳃、体表黏液和肠道原液 0.2 mL 于营养琼脂培养基,均匀涂抹至肉眼观察培养基表面无明显液体,28℃的培养箱中培养 24~28 h。

2）用镊子夹取鳃、翻开的肠道于 TCBS 琼脂培养基和 EMB 琼脂培养基上涂抹（类似于四区划线中的 A 区）后，划线分离，方法同四区划线；用接种环蘸取大黄鱼皮肤黏液原液于 TCBS 琼脂培养基和 EMB 琼脂培养基进行四区划线。28℃的培养箱中培养 24~28 h。

3. 细菌计数

体表、鳃及肠道细菌的计数方法如下。

取 6 支试管并分别编号 10^{-2}，10^{-3}，10^{-4}，10^{-5}，10^{-6}，10^{-7}，每支试管内装 9 mL 无菌水，用移液枪精确吸取 1 mL 体表/鳃/肠道细菌原液于编号为 10^{-2} 的试管中，注意吸管尖端不要碰到液面，在振荡器上混合均匀后，吸取 1 mL 于编号为 10^{-3} 的试管中，……如此连续进行 10 倍系列稀释，直到第 6 支试管稀释完毕。取其中的 3 个稀释度在营养琼脂培养基平板上进行涂布，每个梯度作 2 个平行。于 28℃的培养箱中培养 24~28 h 后计数，然后换算成每克鳃/肠道/每毫升体表黏液所含细菌的数量（表 15-1）。

4. 芽孢杆菌的分离

将 1 mL 体表/鳃/肠道菌悬液置于 80℃的水浴锅中恒温水浴 20 min。然后将菌液混匀涂抹于营养琼脂上，置于 37℃培养箱中培养 18~24 h，尽量挑取单个菌落用营养肉汤进行培养 18~24 h，10 倍梯度稀释至 10^{-6}，进行涂抹，挑取单个菌落用营养琼脂斜面进行培养 36 h，然后进行芽孢染色，如果能够产生芽孢则为芽孢杆菌。

5. 观察细菌的菌落形态

挑取菌落不同的细菌单克隆于营养琼脂斜面上，28℃的培养箱中培养 24~28 h。注意 TCBS 琼脂培养基和 EMB 琼脂培养基上有无菌落生长，若有，记录菌落形态。

6. 单菌落的革兰氏染色、扩大培养和菌种保存

革兰氏染色后用接种环挑取斜面上的单菌落一环接种于营养肉汤培养基中，28℃摇床培养 28 h 后与 30%甘油等体积混合均匀后，置-20℃保存。

7. 细菌的鉴定

详见实验十五中的鉴定方法部分。

细菌的传统鉴定方法部分，在营养琼脂培养基上观察生长菌落的颜色、大小、光泽度、是否湿润等。选取菌落清晰、分散良好并且菌落数在 30~300 个之间的平板，通过随机挑取菌落 30~50 个，作为待鉴定菌株，纯化后，接种在营养琼脂斜面培养基上，28℃条件下培养 24~48 h 后，置于 4℃冰箱中备用。一般菌种的鉴定参照《一般细菌常用鉴定方法》（中国科学院微生物研究所细菌分类组编著，1978）、*Bergey's manual of determinative bacteriology*（Holt et al，1994）以及《常见细菌系统鉴定手册》（东秀珠和蔡妙英，2001）的方法进行，按照附录六细菌的传统鉴定方法，将实验鱼的肠道需氧及兼性厌氧菌鉴定到属。

8. 实验鱼及菌株处理

实验解剖后的鱼及分离菌株应该经 121℃ 灭菌 15 min 后,再弃去。未经检测的分离菌株均有可能具传染性,如果未经处理直接进入外界环境中,会对生态环境造成严重的损害,因此要对实验后的菌株和鱼进行无害化处理。

9. 菌种保藏

分离鉴定后的细菌菌株,营养肉汤中扩大培养后,与 60% 的灭菌甘油等体积混合均匀,甘油的终浓度为 30%,取 1 mL 分装于冻存管中,每种菌各 20 支,分别取 10 支放于 -20℃ 和 -80℃ 条件下进行保存(图 17-1)。有条件的实验室还可以在液氮(-196℃)保存,或抽真空后保存冻干粉。

扫一扫看彩图

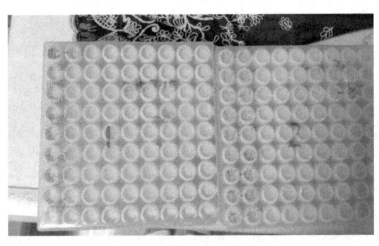

图 17-1　菌液分装在冻存管中

【实验报告】
1. 记录实验具体操作流程、实验鱼的症状、实验结果等内容。
2. 统计大黄鱼皮肤表面、鳃和肠道中活菌的数量(表 17-1)。
3. 统计不同培养基上大黄鱼皮肤表面(表 17-2)、鳃(表 17-3)、肠道(表 17-4)菌落分离情况。
4. 记录细菌鉴定结果(表 17-5)。

表 17-1　大黄鱼皮肤表面、鳃和肠道中活菌的数量结果统计

编　号	鳃(G)						体表黏液(M)						肠道(I)					
	10^{-5}		10^{-6}		10^{-7}		10^{-5}		10^{-6}		10^{-7}		10^{-5}		10^{-6}		10^{-7}	
	1	2	1	2	1	2	1	2	1	2	1	2	1	2	1	2	1	2
菌落数 (CFU/mL)																		

表 17-2 大黄鱼皮肤表面菌落分离统计表

大黄鱼皮肤表面样品	营养琼脂	EMB 琼脂	TCBS 琼脂
平板编号			
菌落数(种数)			
单菌落编号			
单菌落数			

表 17-3 大黄鱼鳃部菌落分离统计表

大黄鱼鳃部样品	营养琼脂	EMB 琼脂	TCBS 琼脂
平板编号			
菌落数(种数)			
单菌落编号			
单菌落数			

表 17-4 大黄鱼肠道菌落分离统计表

大黄鱼肠道样品	营养琼脂	EMB 琼脂	TCBS 琼脂
平板编号			
菌落数(种数)			
单菌落编号			
单菌落数			

表 17-5 分离菌株的鉴定结果

分离部位	细菌编号	鉴定名称	细菌的序列号
肠道			
鳃部			
体表黏液			

【思考题】

1. 大黄鱼体表黏液、鳃和肠道中细菌的种类和数量有何差别,为什么?

2. 梯度稀释法测定细菌的数量不准确的原因有哪些?

【大黄鱼体表黏液、鳃和肠道细菌培养实验图片实例】

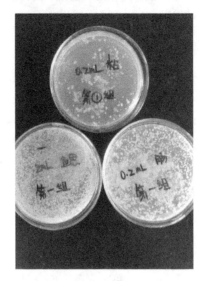

图 17－2　NB 培养基上鳃、肠道、
黏液原液的细菌

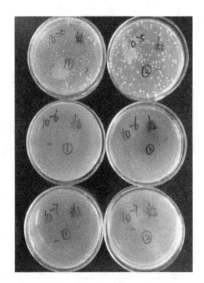

图 17－3　黏液的梯度培养

实验十八　白斑综合征病毒(WSSV)的跨宿主感染试验

【实验目的】

1. 了解白斑综合征病毒(white spot syndrome virus,WSSV)感染的致病性和宿主范围。

2. 掌握 WSSV 的制备方法。

3. 探究 WSSV 在不同宿主之间传播的机制。

【实验内容】

1. 利用克氏原螯虾(*Procambarus clarkii*)或凡纳滨对虾(*Litopenaeus vannamei*)制备 WSSV 的病毒原液。

2. 测试 WSSV 病毒对中华绒螯蟹(*Eriocheir sinensis*)、克氏原螯虾、凡纳滨对虾以及斑马鱼(*Danio rerio*)的致病性。

3. 从感染样品中分离 WSSV。

【实验材料及仪器用品】

1. 实验材料

健康克氏原螯虾:体重 19±0.5 g,体长 6.5±0.5 cm;凡纳滨对虾:体重 0.9±0.05 g,体长 4.0±0.2 cm;中华绒螯蟹:体重 50±0.5 g,体长 4.2±0.2 cm,壳宽 4.4±0.2 cm;斑马鱼:体重 0.4±0.05 g,体长 3.0±0.2 cm。携带 WSSV 病毒的克氏原螯虾病料、维氏气单胞菌。

2. 仪器用品

1 mL 一次性注射器、超净工作台、高压灭菌锅、离心机、PCR 仪、电泳仪、凝胶成像系统、微量移液器、生理盐水(0.85% NaCl 溶液)。

【实验原理】

白斑综合征病毒(white spot syndrome virus, WSSV)危害严重,可造成虾蟹等甲壳类动物产量严重下降。该病最早于 1992 年出现在我国台湾对虾养殖业,1993 年中国、韩国和日本相继暴发白斑综合征疾病,1994 年底泰国、印度、孟加拉国的对虾养殖场相继大面积暴发白斑综合征,造成对虾产量急剧下降,给对虾养殖业以重创,因此各国对 WSSV 的致病特征、致病机制和防治方法等研究引起广泛关注。

WSSV 属于线头病毒科(Nimaviridae)白斑病毒属(*Whispovirus*)。20 世纪 90 年代初世界各地水产研究人员相继对白斑综合征的病原体进行了分离,并根据所分离病毒株的发病宿主、发病地点、临床特征和解剖病症等对不同地点的病毒株分别命名,如中国对虾类杆状病毒(PcBLV)、斑节对虾杆状病毒(MBV)、对虾杆状 DNA 病毒(PRDV)、白斑病病毒(WSDV)和白斑综合征病毒(WSSV)。日本学者 Inouye 等根据物种及病毒形状将分离出的病毒命名为日本对虾杆状病毒(RV‑PJ),从病毒学分离角度,朱山等将其命名为无包埋体对虾病毒

（NOSV），台湾学者 Lo 等将其命名为白斑综合征杆状病毒（WSBV），并通过与中国、泰国和美洲分离到的对虾病毒基因组对比，根据发病对虾临床和解剖症状、流行暴发等一些特点，总结出不同地点分离的病毒之间相似性较高，可能划分为相同的水产病毒。国际病毒分类委员会（The International Committee on Taxonomy of Viruses，ICTV）在 1995 年第六次病毒分类报告中将无包埋体杆状病毒属从杆状病毒科中划出，不再属于杆状病毒科，因此 WSSV 作为无包埋体病毒不适宜再划分为杆状病毒。直到 1996 年，Lightner 等提议统一将此类杆状病毒命名为白斑综合征病毒（White spot syndrome virus，WSSV），得到普遍认可和接受。

电子显微镜观察显示，WSSV 呈纺锤状，病毒粒子长度约为 210～380 nm，宽度约为 70～167 nm，一侧粗平一侧细，细侧有一条细长的类似鞭毛的结构（图 18 - 1）。WSSV 基因组结构为双链 DNA 分子，是至今发现基因组最大的动物病毒，2000 年我国科学家将大陆株进行全基因组测序，该病毒基因组为双链环状 DNA 分子，其中 A+T 含量 59%。基因组大小因分离地不同而有所差异，其中泰国株的基因组为 293 kb、台湾株的基因组为 307 kb，中国大陆株的基因组为 305 kb。

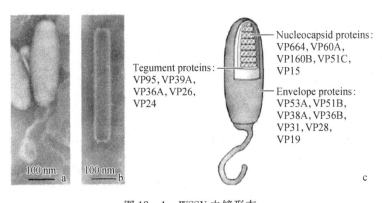

图 18 - 1　WSSV 电镜形态

a. 全病毒；b. 核衣壳；c. 病毒形态图
（引自 Van Etten，2009）

1995 年台湾学者周信佑最先在凡纳滨对虾中分离出 WSSV，随后魏静等（1998）在克氏原螯虾体内也分离到，Rajendran 等（1999）报道了 WSSV 感染虾蟹后往往造成大范围急剧性死亡，这可能跟虾蟹活动能力强，养殖密度高有关。2015 年报道池塘养殖的中华绒螯蟹中也检测到 WSSV。由此可见，在 20 多年间，WSSV 在甲壳类动物之间跨宿主传播现象非常明显。那么，在自然养殖的条件下，WSSV 是如何在不同宿主之间传播的？WSSV 是否会感染鱼类等非甲壳类动物？因此，我们对人工养殖的克氏原螯虾、凡纳滨对虾、中华绒螯蟹以及斑马鱼进行 WSSV 病毒检测，以及对分离的病毒进行相互感染实验，分析其致病特性，试图找出 WSSV 跨物种传播的依据，为其防控措施提供依据。

【实验方法】

1. WSSV 病毒液的制备

1）分离已感染 WSSV 的凡纳滨对虾或克氏原螯虾的鳃、肌肉、心脏等，加少许 PBS 缓冲液，冰上研磨；

2) 4℃,10 000 r/min 离心 10 min;

3) 取上清液于一个新的 Ep 管中,4℃15 000 r/min 离心 2~3 h;

4) 弃上清液,将沉淀溶解于 3 倍体积 PBS 中,重复步骤 1;

5) 上清液经 350 g/L 的蔗糖垫 4℃10 000 r/min 差速离心 2~3 h;

6) 沉淀溶于 10 倍体积的 PBS 中,依次用滤纸和直径为 0.22 μm 的滤膜过滤除菌,作为注射感染实验的病毒液。

2. WSSV 病毒的分离与鉴定

对从病虾组织中分离到的病毒液,进行 PCR 反应及产物的电泳检测,用以确定 WSSV 病毒的存在。

(1) 模版 DNA 的制备

在冰上分别取病虾肌肉、神经、鳃、肝脏等组织少许于离心管中,加 1.2 mL 消化液(100 mmol/L NaCl;10 mmol/ L Tris-HCl, pH 8.0;25 mmol/ L EDTA, pH 8.0; 5 g/ L N-laurylsarcosine; 500 μg/ mL 蛋白酶 K),将组织捣碎,65℃温育 1 h,加入 10 g/L 十六烷基三甲基溴化铵(cetyltrimethylammonium bromide, CTAB) 和 NaCl 混合液,65℃温育 10 min;用酚、氯仿和异戊醇的混合液(体积比 25:24:1)抽提;无水乙醇沉淀 DNA,70%乙醇洗涤、干燥后,DNA 溶于 0.1×TE 缓冲液中,4℃贮存,用于 PCR 扩增的模板。

(2) PCR 扩增 WSSV

利用如下引物序列:正向引物序列 5′—TCACAGGCGTATTGTCTCTCCT—3′,反向引物序列 5′—CACGAGTCTACCGTCACAACATC—3′。按照反应体系(表 18-1)进行 PCR 扩增。

表 18-1　PCR 反应体系

加 入 物	体积 μL
去离子水	8.5
两种引物混合物	2
Taq 酶(0.75U)	12.5
DNA 模板	2
总体积	25

反应程序:95℃预变性 5 min;95℃ 30 s,55℃ 50 s,75℃ 3 min,34 个循环;75℃延伸 10 min。PCR 产物使用 1.5%琼脂糖凝胶电泳检测,电泳参数为 120 V、25 min。电泳结束后,结果在凝胶成像系统中观察并拍照(图 18-2)。

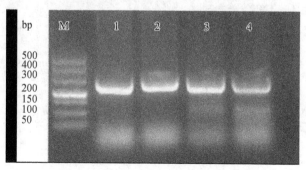

图 18-2　人工感染克氏原螯虾的 WSSV 检测

3. 将分离的 WSSV 病毒组织液人工感染克氏原螯虾、凡纳滨对虾、中华绒螯蟹以及斑马鱼

(1) WSSV 感染克氏原螯虾

将克氏原螯虾平均分为 4 组，每组 5 尾，其中第 1~3 组为实验组，在第 1、2 腹节肌肉处注射病毒液 0.1 mL/尾；第 4 组为对照组，注射等体积灭菌的 PBS。

(2) WSSV 感染凡纳滨对虾

将凡纳滨对虾平均分成 4 组，每组 5 尾，其中第 1~3 组为实验组，在第 1、2 腹节肌肉处注射病毒液 0.05 mL/尾；第 4 组为对照组，注射等体积的灭菌 PBS。

(3) WSSV 感染中华绒螯蟹

将制备好的病毒保存液，人工感染中华绒螯蟹，将病毒液从第 3 步足基部注射，0.1~0.2 mL/只，攻毒后 3~7 d 采集发病蟹的血淋巴和组织，按照上述方法提取病毒液用于后续正式实验。正式实验将中华绒螯蟹平均分为 4 组、每组 5 只，A 组于蟹第 4 步足基部注射 WSSV 原液 0.1 mL/只，B 组注射 1/2 WSSV 原液稀释液 0.1 mL/只，C 组注射 1/4 WSSV 原液稀释液 0.1 mL/只，D 组注射灭菌 PBS 0.1 mL/只。实验期间采用日光灯进行光照，光：暗 = 12 h：12 h，每天早晚定时投喂两次，每次投喂前吸净食物残渣和粪便，每天更换 1/3 的曝气养殖用水。水温 28±0.5℃，溶解氧为 6.5±0.5 mg/mL，并且连续曝气。观察中华绒螯蟹死亡情况并做好记录。

(4) WSSV 感染斑马鱼

将成年斑马鱼平均分为 5 组，每组 10 尾。A 组于腹腔注射 WSSV 原液 20 μL/尾，B 组于腹腔注射 1/2 WSSV 原液稀释液 20 μL/尾，C 组于腹腔注射 1/4 WSSV 原液稀释液 20 μL/尾，D 组注射等量体维氏气单胞菌(8.7×10⁵ CFU/mL) 20 μL/尾，作为阳性对照，E 组注射灭菌 PBS 20 μL/尾，作为阴性对照。每天观察记录斑马鱼发病情况。

【实验结果】

1. 观察记录 WSSV 病毒组织液人工感染克氏原螯虾、凡纳滨对虾、中华绒螯蟹以及斑马鱼后主要体表症状。

2. 观察记录 WSSV 病毒组织液人工感染克氏原螯虾、凡纳滨对虾、中华绒螯蟹以及斑马鱼后主要解剖学症状。

3. 比较 WSSV 病毒对克氏原螯虾、凡纳滨对虾、中华绒螯蟹以及斑马鱼的致病力强弱。

【思考题】

1. 细菌和 WSSV 感染凡纳滨对虾造成的症状差异？如何正确确定病原？

2. 相比于甲壳类动物，WSSV 病毒对斑马鱼的致病力如何？原因是什么？

【WSSV 和维氏气单胞菌感染斑马鱼体表症状照片实例】

扫一扫看彩图

图 18-3　WSSV 和维氏气单胞菌感染斑马鱼体表症状

a. PBS 对照；b. WSSV 感染斑马鱼，全身未出现症状；c. 维氏气单胞菌感染初期斑马鱼腹部肿胀，肛门附近发红；d. 维氏气单胞菌感染后期全身发红，腹部红色加深并伴有严重出血。

实验十九　锦鲤疱疹病毒的感染与鉴定

【实验目的】

1. 掌握锦鲤(*Cryprinus carpiod*)疱疹病毒的人工感染技术。
2. 观察锦鲤疱疹病毒感染锦鲤后所造成的主要症状。
3. 掌握锦鲤疱疹病毒的鉴定方法。

【实验材料与仪器用品】

1. 实验材料

病毒株：实验室保藏的锦鲤疱疹病毒(Koi herpesvirus, KHV)。

细胞系：锦鲤鳍条细胞系 (Koi-Fin, KF－1 细胞系)(Sigma 公司)。

锦鲤：平均体长 7.0±2 cm。

试剂：动物组织基因组 DNA 抽提试剂盒(北京天根生物科技有限公司)，PCR 试剂和
DL2000 DNA Marker[宝生物工程(大连)有限公司]，引物(上海生工生物工程技术服务有限公司)。

2. 仪器用品

酒精灯、MEM(minimum essential medium)培养基、胰蛋白酶、胎牛血清(FBS)、细胞培养瓶、细胞培养板、离心机、电泳仪、电泳槽、PCR 仪、凝胶成像仪等。

【实验原理】

锦鲤疱疹病毒病(Koi herpesvirus disease, KHVD)是由锦鲤疱疹病毒(Koi herpesvirus, KHV)引起的一种高传染性和高致死性的疾病，主要感染锦鲤、普通鲤鱼及其变种。KHVD 在 2006 年被世界动物卫生组织(Office International des Épizooties, OIE)列为必须报告的疾病。我国将该病毒病列为二类动物疫病。

KHV 属疱疹病毒科，鲤疱疹病毒属成员，是双链 DNA 病毒，有囊膜，与同科的鲤鱼疱疹病毒(herpesvi rus cyprinid, CHV) 和叉尾鮰病毒(channel catfish virus, CCV)有交叉反应。因其是第三个从鲤科鱼体内分离出的疱疹病毒，故又称为鲤疱疹病毒型 III 型(*Cyprinid herpesvirus* 3, CyHV－3)。锦鲤疱疹病毒在患病鱼体表、鳃、肾、脾、肝和肠道组织中均可检出，病鱼游动缓慢，眼睛凹陷，体表分泌大量黏液，皮肤出现苍白块斑或水泡，鳃出血并有大量黏液或出现坏死病灶的大小不一白色块斑，鳞片有血丝。

目前，该病的检测方法有电镜检测、ELISA、PCR、荧光 PCR 等。在国内 PCR 方法可作为疫情检测及确诊手段之一，也是 OIE《水生动物疾病诊断手册》推荐的检测方法。PCR方法涉及 DNA 聚合酶基因(*Sph*)和胸苷激酶基因(thymidine kinase, *TK*)两个基因，它们可以彼此互相验证。本实验建立一个体系同时进行 PCR 扩增 *Sph* 与 *TK* 两个基因，可以方便、快捷、灵敏的检测 KHV，为 KHVD 的预防和控制提供强大的技术支持。

【实验方法】

1. 实验准备

(1) 实验动物的驯养

实验健康锦鲤平均体重为 25.0±2 g，放置在 90 L 塑料水族箱中，暂养过程使用经紫

外线消毒处理的过滤淡水,水温在 25±0.7℃ ,pH 为 7.7±1.6,溶氧 5~6 mg/L,每日投喂体重 2% 锦鲤饲料,每日吸底,每日换水量为总体积的 1/3。

(2)细胞传代培养

将 KF-1 细胞培养基弃去,用胰酶消化液洗涤后,当大多数细胞变圆,加入含 10% FBS 的 MEM 培养基吹打,最后分瓶,20℃培养。

2. 人工感染

锦鲤人工感染:感染方法包括浸泡和腹腔注射,本实验采用腹腔注射感染。

(1)锦鲤疱疹病毒 KHV 接种于长满单层 KF-1 细胞的培养基中,加入病毒上清后,20℃吸附 1 h,弃病毒上清,换含 2% FBS 的 MEM 培养基,20℃培养,待出现 CPE 后,收集细胞悬液。

(2)将收获的细胞悬液,-80℃冻融三次,4 500 r/min 4℃离心 30 min,去除细胞碎片。在 96 孔细胞培养板中作 $TCID_{50}$ 测定。

(3)每尾锦鲤腹腔注射 $1×10^7$ $TCID_{50}$/mL KHV 病毒 0.1 mL,注射完成后立即轻缓放入水族箱中,保持正常饲养条件,记录发病情况,对照组为相同处理方式注射相同剂量生理盐水。

3. 病原鉴定

本实验病原鉴定采用 KHV 特异 PCR 鉴定方法。该方法的 PCR 引物根据 KHV 的 *Sph* 与 *TK* 的基因序列设计,可以用于特异性的检测 KHV。与鲤春病毒血症病毒(spring viremia of carpVirus, SVCV)、传染性造血器官坏死病毒(infectious haematopoietic necrosis virus, IHNV)、CHV 无病原交叉反应。

将采集的病鱼鳃、肾脏、肝脏、脾组织,用动物组织基因组 DNA 抽提试剂盒提取总 DNA。采用特异引物,以组织总 DNA 为模板进行 PCR 扩增。

Sph 基因序列引物如下:

SphF:5′—GATCCACGACGCTCTCATGAA—3′

SphR:5′—AGCACTCCTTGCAGATGTGGTG—3′

TK 基因序列引物如下:

TKF:5′—CCAACCACTTAATCGCGAGGT—3′

TKR:5′—CCCTGAGAGATTCTGACGGTGA—3′

PCR 扩增反应体系:

10×PCR Buffer(含 15 mmol/L $MgCl_2$)	2.5 μL
dNTP(2.5 mmol/L)	0.5 μL
引物(10 mol/L)	1.25 μL
引物(10 mol/L)	1.25 μL
Taq DNA 聚合酶(5 U/μL)	0.25 μL
模板 DNA	1.0 μL
灭菌 ddH_2O	18.25 μL

加液完成后,至小型台式离心机中离心 10 s,使溶液集中在离心管的底部,然后放入

PCR 仪中反应。

PCR 扩增反应条件：

94℃预变性　30 s

94℃变性　30 s

63℃复性（Sph）　30 s

51℃复性（TK）　30 s ⎱循环 40 次

72℃延伸　1 min

72℃延伸　10 min

Sph 与 *TK* 基因 PCR 产物分别预期大小为 292 bp 和 410 bp，将扩增产物测序。将所测得的序列在 NCBI 网站（http://www.ncbi.nlm.nih.gov）的 BLAST 程序在线比对测序结果进一步确认。

5. 实验鱼及病毒株处理

实验结束后的病毒株和感染锦鲤需经 121℃灭菌 15 min 后，再倒入环境中。

【实验报告】

1. 本实验以小组为单位，4~5 人为一组，实验过程全程拍照或录像，用于记录具体操作流程、实验锦鲤的症状、实验结果等内容。

2. 实验结束后每人提交一份实验报告，全面总结本次实验的内容，并包括个人经验总结、心得体会等。

【思考题】

1. 试述锦鲤疱疹病毒的人工感染方式，以及各方式的优缺点。

2. 讨论锦鲤疱疹病毒病的防控策略。

【部分实验结果展示】

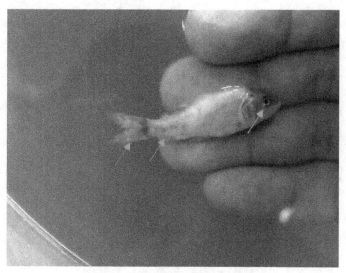

扫一扫看彩图

图 19-1　人工感染锦鲤疱疹病毒鱼体

注：红色箭头所指为患病鱼体表出血的典型症状

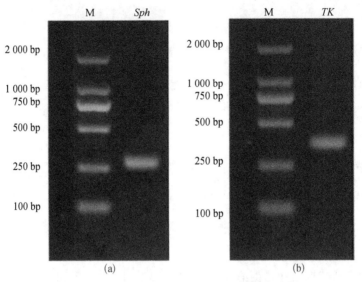

图 19 − 2　*Sph* 与 *TK* 基因 PCR 阳性结果电泳图

a. *Sph* 基因；b. *TK* 基因

第三部分

水生动物病原微生物的免疫学检测

第三部分,水生动物病原微生物的免疫学检测,共5个实验。将经典的免疫学检测技术,如凝集试验和沉淀试验以及逐步发展起来的酶联免疫吸附试验(ELISA)、荧光抗体技术以及免疫印迹等方法用于水生动物病原微生物的检测。可根据所在实验室的具体情况进行选做。

实验二十 凝 集 试 验

【实验目的】

1. 观察细菌与其相应抗体结合所出现的凝集现象,了解抗原抗体反应的特异性。
2. 掌握凝集反应原理、方法、结果判定及凝集效价测定。

【实验内容】

1. 用玻片凝集法进行凝集反应。
2. 用微量滴定凝集法进行凝集反应。

【实验材料及仪器用品】

1. 实验材料

大肠杆菌和溶藻弧菌的生理盐水菌悬液($9×10^8$ CFU/mL,并经 60℃保温 0.5 h),大肠杆菌和溶藻弧菌免疫血清(生理盐水稀释的 1∶10 免疫血清装于小滴瓶中)。

2. 仪器用品

玻片、微量滴定板、微量移液器、接种环等;生理盐水(0.85% NaCl 溶液)。

【实验原理】

细菌细胞或红细胞等颗粒性抗原与特异性抗体结合后,在有电解质的情况下,会出现肉眼可见的凝集块,称为凝集反应,也叫直接凝集反应(direct agglutination)。凝集反应是经典的血清学反应之一,使用历史长,并一直沿用至今,但技术方法有很大的发展与改进,例如,除直接凝集反应外,又有将可溶性抗原吸附到颗粒性载体(如红细胞、白陶土、离子交换树脂和火棉胶颗粒)表面,然后再与相应抗体结合的间接凝集反应。用红细胞作为载体的间接凝集反应为间接血凝试验,还有血凝抑制试验、反向间接血凝试验等。

血清学反应的基本组成成分除抗原与相应的抗体外,尚需加入电解质(一般用生理盐水)。电解质的作用主要是消除抗原抗体结合物表面上的电荷,使其失去同电相斥的作用而转变为相互吸引,否则即使抗原与抗体发生结合亦不能聚合成明显的肉眼可见的反应物。

【实验方法】

1. 玻片凝集法

1)取 2 张洁净玻片,各分为 3 等分,在玻片的左上角作好标记。

2)用微量移液器分别吸取 0.85%生理盐水、1∶10 大肠杆菌免疫血清各 20 μL 放在玻片上;再用微量移液器分别吸取 0.85%生理盐水、1∶10 溶藻弧菌免疫血清各 20 μL 放在另一块玻片上。使用过的吸嘴放入消毒缸内。

3)用微量移液器吸取大肠杆菌菌液 20 μL 分别加入玻片上的生理盐水和 1∶10 大肠杆菌血清中,充分混匀,再吸取溶藻弧菌菌液 20 μL 加入另一份 1∶10 大肠杆菌血清中,混匀(图 20-1)。

图 20-1　大肠杆菌免疫血清参与的玻片凝集反应

4）用微量移液器吸取溶藻弧菌菌液 20 μL 分别加入玻片上的生理盐水和 1∶10 溶藻弧菌血清中,充分混匀,再吸取大肠杆菌菌液 20 μL 加入另一份 1∶10 溶藻弧菌血清中,混匀（图 20-2）。

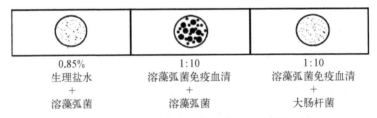

图 20-2　溶藻弧菌免疫血清参与的玻片凝集反应

5）轻轻摇动玻片后室温静置,1~3 min 后即可观察结果。

2. 微量滴定凝集法

（1）稀释血清（对倍稀释）

1）在微量滴定板上标记 10 个孔,从 1~10。

2）第 1 孔中加 80 μL 生理盐水,其余各孔均加 50 μL 生理盐水。

3）加 20 μL 大肠杆菌或溶藻弧菌抗血清于第 1 孔中,从第 2 孔开始作对倍稀释至第 9 孔,从第 9 孔中弃去 50 μL（置一空白孔内）。

用微量移液器将第 1 孔的溶液连续吹吸 3 次,使其充分混匀后吸出 50 μL 移入第 2 孔（先反复练习吸吹方法,待掌握操作方法后再做正式试验）,同法吸吹 3 次使充分混匀后吸出 50 μL 移入第 3 孔,如此做倍比稀释至第 9 孔,吸吹混匀后吸出 50 μL 加入一空白孔内（即弃去）。对倍稀释过程注意勿使吸嘴向溶液吹气,以免产生气泡影响实验结果。

稀释后的血清稀释度见表 20-1。

表 20-1　稀释后的血清稀释度

孔号	1	2	3	4	5	6	7	8	9	10
生理盐水/mL	80	50	50	50	50	50	50	50	50	50
抗血清/mL	20	50	50	50	50	50	50	50	50	
稀释度	1/5	1/10	1/20	1/40	1/80	1/160	1/320	1/640	1/1 280	对照
抗原量/mL	50	50	50	50	50	50	50	50	50	50
最后稀释度	1/10	1/20	1/40	1/80	1/160	1/320	1/640	1/1 280	1/2 560	对照

（2）加菌液

每孔加大肠杆菌或溶藻弧菌悬液 50 μL，从第 10 孔（对照孔）加起，逐个向前加至第1孔。

（3）混匀保存

将滴定板按水平方向摇动，以混合孔中内容物。然后将滴定板 35℃ 下放 60 min，再放冰箱过夜。

（4）结果观察

观察孔底有无凝集现象，阴性和对照组的细菌沉于孔底，形成边缘整齐、光滑的小圆块，而阳性孔的孔底为边缘不整齐的凝集块，可借助解剖镜进行观察。当轻轻摇动滴定板后，阴性孔的圆块分散成均匀浑浊的悬液，阳性孔则是细小凝集块悬浮在不浑浊的液体中（表 20-2）。

表 20-2 结果判定表

凝集物	上清液	凝集程度
全部凝集	澄清	++++（最强凝集）
大部分凝集	基本透明	+++（强凝集）
有明显凝集	半透明	++（中凝集）
很少凝集	基本浑浊	+（弱凝集）
不凝集	浑浊	-（不凝集）

【实验报告】

1. 将玻片凝集结果，记录于表 20-3 中。

表 20-3 玻片凝集结果记录表

试管加样	生理盐水+大肠杆菌	大肠杆菌抗血清+大肠杆菌	大肠杆菌抗血清+溶藻弧菌	生理盐水+溶藻弧菌	溶藻弧菌抗血清+溶藻弧菌	溶藻弧菌抗血清+大肠杆菌
画图表示						
阳性或阴性						

2. 将微量滴定凝集结果记录于表 20-4 中。

表 20-4 微量滴定凝集结果记录表

管 号	1	2	3	4	5	6	7	8	9	10
血清稀释度										
结 果										

【思考题】

1. 稀释血清时的注意事项是什么？

2. 凝集反应加入适量的电解质有何用途？

3. 微量滴定凝集法中加抗原时，为什么从最后一孔开始加？

实验二十一　沉　淀　试　验

【实验目的】

1. 了解环状沉淀试验的原理及用途。

2. 掌握迟缓爱德华菌(*Edwardsiella tarda*, Et) 环状沉淀试验的操作技术和结果观察。

【实验内容】

迟缓爱德华菌环状沉淀试验。

【实验材料及仪器用品】

1. 实验材料

迟缓爱德华菌(*Edwardsiella tarda*, Et)沉淀抗原、迟缓爱德华菌沉淀血清、炭疽沉淀抗原、炭疽沉淀血清。

2. 仪器用品

口径 0.4 cm 小试管、毛细滴管、生理盐水、烘箱等。

【实验原理】

可溶性抗原(如细菌的外毒素、内毒素、菌体裂解液、病毒、组织浸出液等)与相应的抗体结合后,在适量电解质存在下,形成肉眼可见的白色沉淀,称为沉淀试验。沉淀试验的抗原可以是多糖、蛋白质、类脂等,分子较小,反应时易出现后带现象,故通常稀释抗原。参与沉淀试验的抗原称沉淀原,抗体称为沉淀素。沉淀试验广泛应用于病原微生物的诊断。

【实验方法】

1. 抗原处理

取 50~100 mL 新鲜培养的迟缓爱德华菌菌液,100℃沸水煮沸 3~5 min,作为菌体裂解液,此即为待检的沉淀抗原。

2. 加样

取 6 支口径 0.4 cm 的小试管,在 3 支底部各加约 0.1 mL 的炭疽沉淀血清,编号分别为 1~3 号;在 3 支底部各加约 0.1 mL 的迟缓爱德华菌沉淀血清,编号分别为 4~6 号(用毛细滴管加,注意管壁是否有气泡)。1 和 4 号小试管用毛细滴管加生理盐水,作为阴性对照。2 和 6 号小试管用毛细滴管加炭疽阳性沉淀抗原(沿着管壁滴加,重叠在相应的沉淀血清之上),3 和 5 号小试管用毛细滴管加迟缓爱德华菌沉淀抗原。上下两液间有整齐的界面,注意勿产生气泡。此处的炭疽杆菌环状沉淀试验作为阳性对照,用以判断迟缓爱德华菌的环状沉淀试验结果。

3. 结果

5~10 min 内判定结果,上下重叠两液界面上出现乳白色环者,为试验阳性。对照组中,加炭疽阳性抗原者应出现白环,而加生理盐水者应不出现白环。抗原和抗体交叉出现的试管中也不出现白环(图 21-1)。

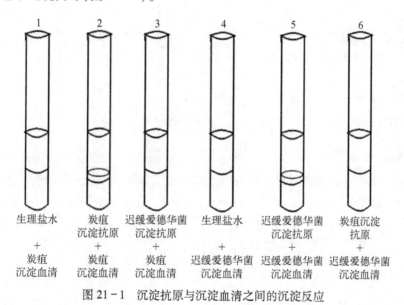

图 21-1　沉淀抗原与沉淀血清之间的沉淀反应

【实验报告】

描述试验现象并对结果进行判定,填入表 21-1 中。

表 21-1　试管环状沉淀结果记录表

试管加样	生理盐水+炭疽沉淀血清	炭疽沉淀抗原+炭疽沉淀血清	迟缓爱德华菌沉淀抗原+炭疽沉淀血清	生理盐水+迟缓爱德华菌沉淀血清	迟缓爱德华菌沉淀抗原+迟缓爱德华菌沉淀血清	炭疽沉淀抗原+迟缓爱德华菌沉淀血清
画图表示						
阳性或阴性						

【思考题】

1. 阐述环状沉淀试验的具体用途。
2. 比较凝集试验和试管环状沉淀反应的区别。

实验二十二　荧光抗体技术

【实验目的】

1. 掌握荧光抗体染色法诊断水生动物疾病的基本操作步骤。
2. 掌握荧光显微镜的使用方法。

【实验内容】

副溶血弧菌的直接和间接免疫荧光抗体检测。

【实验材料及仪器用品】

1. 实验材料

由副溶血弧菌引起的患红体病的凡纳滨病虾组织样品、健康虾组织样品、副溶血弧菌（*Vibrio parahaemolyticus*）、溶藻弧菌（*V. alginolyticus*）及抗体、嗜水气单胞菌（*Aeromonas hydrophila*）及抗体、大肠杆菌（*Escherichia coli*）及抗体、兔抗副溶血弧菌血清、FITC 标记的兔抗副溶血弧菌抗体、FITC 标记好的羊抗兔 IgG 荧光抗体。

2. 仪器用品

冰冻切片机、0.01 mol/L PBS（pH7.2）、玻片、−30℃丙酮、荧光显微镜、缓冲甘油、盖玻片等。

【实验原理】

免疫荧光抗体技术（immunofluorescence technique），又称荧光抗体技术，是标记免疫技术发展最早的一种技术，是在免疫学、生物化学和显微镜技术基础上建立起来的一项免疫检测标记技术。荧光抗体技术是指用荧光素对抗原或抗体进行标记，然后用荧光显微镜观察所标记的荧光以分析示踪相应的抗原或抗体的方法。该技术将血清学的特异性和敏感性与显微术的精确性结合起来，解决了生物学上的许多难题，如病毒的侵染途径及其在感染细胞内的复制部位的研究，以及抗体的产生部位等。随着荧光抗体技术的敏感性和特异性的进一步提高，该技术在病原微生物的早期诊断、肿瘤抗原的研究、抗原抗体的免疫组化定位等方面得到了广泛应用。利用免疫荧光标记技术，除了可以对目标分子进行定性和定位外，还可通过检测荧光素所发生的荧光强度，实现对蛋白抗原或抗体的定量检测。常用的荧光素有：① 异硫氰酸荧光素（fluorescein isothiocyanate，FITC），最大吸收光谱为 520~530 nm，呈黄绿色荧光。② 四乙基罗丹明（lissamine rhodamine B，RB 200），最大吸收光谱 570 nm，最大发射光谱为 595~600 nm，呈明亮橙色荧光。③ 四甲基异硫氰酸罗丹明（tetramethyl rhodamine-6-isothiocyanate，TRITC），最大吸收光谱为 550 nm，最大发射光谱为 620 nm，呈橙红色荧光。

1. 直接染色法

直接染色法是将标记的特异荧光抗体直接加在抗原标本上，经特定温度和时间的染色,洗去未参加反应的多余荧光抗体,在荧光显微镜下便可见到被检抗原与荧光抗体形成的特异性结合物而发出的荧光。直接染色法的优点是:特异性高,操作简便,比较快速。缺点是:一种标记抗体只能检查一种抗原,敏感性较差。直接法应设阴、阳性标本对照,抑制试验对照。

2. 间接染色法

间接染色法又叫双抗体法,既能检查未知抗原亦能检测未知抗体。同一种标记的抗球蛋白抗体可检测多种以球蛋白作为抗体的复合物。由于敏感性放大原理,间接法的敏感性比直接法高数倍至数十倍。如果检查未知抗原,先用已知未标记的特异抗体(第一抗体)与抗原标本进行反应,作用一定时间后,洗去未反应的抗体,再用标记的抗抗体即抗球蛋白抗体(第二抗体)与抗原标本反应,如果第一步中的抗原抗体互相发生了反应,则抗体被固定或与荧光素标记的抗抗体结合,形成抗原-抗体-抗抗体复合物,再洗去未反应的标记抗抗体,在荧光显微镜下可见荧光。在间接染色法中,第一步使用的未用荧光素标记的抗体起着双重作用,对抗原来说起抗体的作用,对第二步的抗抗体又起抗原作用。如果检查未知抗体则抗原标本为已知的待检血清为第一抗体,其他步骤和检查抗原相同。

间接染色法的优点是既能检查未知抗原,也能检查未知抗体;用一种标记的抗体,能与在种属上相同的所有动物的抗体结合,检查各种未知抗原或抗体,敏感性高。缺点是:由于参加反应的因素较多,受干扰的可能性也较大,判定结果有时较难,操作烦琐,对照较多,时间长。间接法应设阴、阳性标本对照,还应设有中间层对照(即中间层加阴性血清代替阳性血清)。

【实验方法】

1. 直接染色法

1)切片制备:将患病组织进行切片,冰冻切片置载玻片上,以-30℃丙酮4℃固定30 min。

2)洗涤:将固定好的切片以 PBST(含 0.5% Tween-20 的 0.01 mol/L,pH7.4 的 PBS)漂洗,漂洗 5 次,每次 3 min。

3)染色:在晾干的标本片上滴加对应抗原的荧光抗体,放湿盒内置37℃染色30 min。

4)洗涤:取出标本片,以吸管吸 PBST 冲去玻片上的荧光抗体,然后置大量 PBST 中漂洗,共漂洗 5 次,每次 3 min,再以蒸馏水冲洗晾干。

5)封载:滴加 pH9.0 缓冲甘油,封片,供镜检。

本试验需设定以下对照:① 阳性对照。② 自发荧光对照,以 PBST 代替荧光抗体染色。③ 抑制试验对照,标本上加未标记的抗血清,37℃置含无菌湿纱布的盒 30 min,PBST 漂洗,再加标记抗体,染色同上。

6)镜检:将染色后的标本片置荧光显微镜下观察,先用低倍物镜选择适当的标本区,然后换高倍物镜观察。以油镜观察时,可用缓冲甘油代替香柏油。

阳性对照应呈黄绿色荧光,而对患病组织自发荧光对照组和抑制试验对照组应无荧光。

7)结果判定标准

++++　　　　　　　　黄绿色闪亮荧光

+++　　　　　　黄绿色的亮荧光

++　　　　　　黄绿色荧光较弱

+　　　　　　　仅有暗淡的荧光

−　　　　　　　无荧光

2. 间接染色法

1) 一抗作用：在晾干的标本片上滴加对应病原的抗体，置湿盒，37℃作用 30 min。

2) 洗涤：以吸管吸取 PBST 冲洗标本片上的抗体，后置大量 PBST 中漂洗，共漂洗 5 次，每次 3 min。

3) 二抗染色：滴加 FITC 标记的羊抗兔 IgG 荧光抗体，置湿盒，于 37℃染色 30 min。

4) 洗涤：以吸管吸取 PBST 冲洗标本片上的荧光抗体，后置大量 PBST 中漂洗，共漂洗 5 次，每次 3 min。

5) 晾干：将标本片置晾片架上晾干。

6) 镜检：同直接法。

本试验应设以下对照：① 自发荧光对照(对虾患病组织)；② 阴性血清对照(溶藻弧菌抗体、嗜水气单胞菌抗体、大肠杆菌抗体)；③ 已知阳性对照(副溶血弧菌)；④ 已知阴性对照(溶菌弧菌、嗜水气单胞菌、大肠杆菌)。

7) 结果判定：观察和结果记录同上，除阳性对照外，所有对照应无荧光。

3. 使用荧光显微镜应注意的问题

1) 应在暗室或避光的地方进行操作，荧光显微镜安装调试后，最好固定在一个地方加盖防护，勿再移动。

2) 高压汞灯点燃后，需经 10~15 min 达最大亮度。点燃一次要在 2 h 内结束。工作中途不要关闭汞灯，关闭后不可立即开启。温度过高时，可用电风扇冷却。汞灯的寿命约 200 h，用时应记录时间，近极限时应更换新灯泡。

3) 制备标本的载玻片越薄越好，应无色透明。涂片也要薄，太厚不易观察，发出的荧光也不亮。

4) 标本检查时如需用油镜，可用无荧光的镜油、液体石蜡或缓冲甘油代替香柏油。放载玻片时，需先在聚光器镜面上加一滴缓冲甘油，以防光束发生散射。

5) 标本涂布附近可用红蜡笔划一记号，先以此对光，然后再移入标本区观察。通常先用低倍镜找出要观察的部分，然后换高倍镜仔细观察。先看对照，再看试验标本，在同一标本区不宜连续观察 3 min 以上，以免荧光猝灭。

6) 标本制好后，最好当天观察，观察完毕，如有必要保存，可在 4℃保存数月。

【实验报告】

记录实验结果，并分析结果的可靠性。

【思考题】

1. 切片做荧光抗体检测时，如何进行制样、固定？

2. 如何消除实验中的非特异染色结果？

实验二十三 酶联免疫吸附试验

【实验目的】
1. 了解酶联免疫吸附试验的原理及其优点。
2. 学习酶联免疫吸附试验的操作过程。

【实验内容】
利用酶联免疫吸附试验检测无乳链球菌。

【实验材料及仪器用品】

1. 实验材料

抗原：无乳链球菌(*Streptococcus agalactiae*)、海豚链球菌(*S. iniae*)、迟缓爱德华菌(*Edwardsiella tarda*)、嗜水气单胞菌(*Aeromonas hydrophila*)。

抗体：兔抗无乳链球菌血清,辣根过氧化物酶(Horseradish peroxidase, HRP)标记的羊抗兔 IgG。

待检测患病罗非鱼。

2. 仪器用品

酶标反应板、微量移液器、血清稀释板、温箱、酶标测定仪等。

包被液(0.05 mol/L pH9.6 碳酸盐缓冲液)：甲液为 Na_2CO_3,5.3 g/L,乙液为 $NaHCO_3$,4.2 g/L,取甲液 3.5 份加乙液 6.5 份混合均匀,现用现混。

洗涤液(吐温-磷酸盐缓冲液,pH7.4)：NaCl 8 g,KH_2PO_4 0.2 g,$Na_2HPO_4 \cdot 12H_2O$ 2.9 g,KCl 0.2 g,吐温-20 0.5 mL,蒸馏水加至 100 mL。

pH5.0 磷酸盐-柠檬酸盐缓冲液：柠檬酸(19.2 g/L)24.3 mL,磷酸盐溶液(28.4 g/L Na_2HPO_4)25.7 mL,两者混合后加蒸馏水 50 mL。

底物溶液：100 mL pH 5.0 磷酸盐-柠檬酸盐缓冲液加邻苯二胺(O-phenylenediamine, OPD)40 mg,用时再加 30%H_2O_2 0.2 mL($OPD-H_2O_2$)。

终止液：2 mol/L H_2SO_4。

【实验原理】
酶联免疫吸附试验(enzyme-linked immunosorbent assay, ELISA)是酶联免疫技术的一种,是将抗原抗体反应的特异性与酶反应的敏感性相结合而建立的一种新技术,ELISA 的技术原理是：将酶分子与抗体(或抗原)结合,形成稳定的酶标抗体(或抗原)结合物,当酶标抗体(或抗原)与固相载体上的相应抗原(或抗体)结合时,即可在底物溶液参与下,产生肉眼可见的颜色反应,颜色的深浅与抗原或抗体的量呈比例关系,使用 ELISA 检测仪即酶标测定仪,测定其吸收值可作出定量分析。此技术具特异、敏感、结果判断客观、简便和安全等优点,日益受到重视,不仅在微生物学中应用广泛,而且也被其他学科广为采用。

本实验应用间接 ELISA 实验方法,可快速检测罗非鱼的重要病菌——无乳链球菌,操作简便、灵敏度高、特异性强。阴性对照的罗非鱼几种其他致病菌(海豚链球菌、迟缓爱德华菌、嗜水气单胞菌)均呈阴性反应,只有目标菌无乳链球菌呈阳性。

【实验方法】

1. 包被抗原

用吸管小心吸取用包被液稀释好的抗原,沿孔壁准确加入 100 μL 至每个酶标反应板孔中,防止气泡产生,37℃放置 4 h 或 4℃放置过夜。

抗原的包被量主要决定于抗原的免疫反应性和所要检测抗体的浓度。对于纯化抗原一般所需抗原包被量为每孔 20 ~ 200 μg,其他抗原量可据此调整。

2. 清洗

快速甩动塑料板倒出包被液。用另一根吸管吸取洗涤液,加入板孔中,洗涤液量以加满但不溢出为宜。室温放置 3 min,甩出洗涤液,再加洗涤液,重复上述操作 3 次。

3. 加血清

小心吸取稀释好的血清,准确加 100 μL 于对应板孔中,第 4 孔加 0.1 mL 洗涤液,37℃放置 10 min。在水池边甩出血清,洗涤液冲洗 3 次。

4. 加酶标抗体

沿孔壁上部小心准确加入 100 μL 酶标抗体(不能让血清玷污吸管),37℃放置 30 ~ 60 min,同上倒空,洗涤 3 次。

5. 加底物

按比例加 H_2O_2 于配制的底物溶液中,立即吸取此溶液分别加于板孔中,每孔 100 μL。置 37℃,显色 5 ~ 15 min(经常观察),待阳性对照有明显颜色后,立即加一滴 2 mol/L H_2SO_4 终止反应。

6. 判断结果

肉眼观察,阳性对照孔应呈明显黄色,阴性孔应呈无色或微黄色,待测孔颜色深于阳性对照孔则为阳性;一般采用每孔 OD 值对实验结果进行记录,采用不同的反应底物,测定时的最大吸收峰位置不同,为得到最敏感的检测结果,要求采用测定波长来进行测定。若测光密度,酶标测定仪取 OD 值 = 492 nm,$P/n > 2.1$ 时为阳性,$P/n < 1.5$ 为阴性,$1.5 \leqslant P/n \leqslant 2.1$ 为可疑阳性,应予复查。

$$P/n = 检测孔\ OD\ 值\ /\ 阴性孔\ OD\ 值$$

用空白孔校 $T = 100\%$。

【实验报告】

图示 ELISA 反应原理并写出实验结果。

【思考题】

1. ELISA 实验成功的关键操作环节是什么？
2. ELISA 实验在快速检测病原微生物方面有哪些优点？

实验二十四 免疫印迹法

【实验目的】

1. 熟悉免疫印迹的原理及用途。
2. 学习免疫印迹的操作方法。

【实验材料及仪器用品】

1. 实验材料

1）裂解缓冲液

0.15 mol/L NaCl，5 mmol/L EDTA（pH 8.0），1% Triton X-100，10 mmol/L Tris-Cl（pH 7.4），用之前加入 0.1% 5 mol/L 二硫苏糖醇（DTT），0.1% 100 mmol/L PMSF 和 0.1% 5 mol/L 6-氨基己酸。

2）30% 聚丙烯酰胺：丙烯酰胺（acrylamide）29 g，N，N'-双丙烯酰胺（N，N'-bisacrylamide）1 g，加水至 100 mL。室温避光保存数月。

3）10% 十二烷基硫酸钠（SDS）：用去离子水配成 10% 溶液，室温保存。

4）10% 过硫酸铵（AP）：过硫酸铵 1 g，加水至 10 mL，4℃ 保存一周。

5）分离胶缓冲液（1.5 mol/L，pH 8.8）：Tris 18.2 g，SDS 0.4 g，HCl 调 pH 至 8.8，总体积为 100 mL。

6）浓缩胶缓冲液（0.5 mol/L，pH 6.8）：Tris 6.05 g，SDS 0.4 g，HCl 调 pH 至 6.8，总体积为 100 mL。

7）10×Tris-甘氨酸电极缓冲液：Tris 15 g，甘氯酸（Gly）72 g，SDS 5 g，加水至 500 mL。

8）转移电泳缓冲液（0.025 mol/L，pH 8.3）：Tris 3.785 g，Gly 19.3 g，加水至 1 000 mL，溶解后加甲醇 200 mL。

9）洗涤缓冲液（0.01 mol/L pH 7.2 PBS）：NaH_2PO_4 0.438 g，Na_2HPO_4 2.51 g，NaCl 8.76 g，加水至 1 000 mL。

10）2×SDS 凝胶加样缓冲液：100 mmol/L Tris-Cl（pH 6.8），200 mmol/L DTT，4% SDS，0.2% 溴酚蓝，20% 甘油。

11）PBST 缓冲液：NaCl 8 g，KCl 0.2 g，Na_2HPO_4 1.42 g，KH_2PO_4 0.27 g。浓 HCl 调 pH 7.4，加水至 1 000 mL，灭菌后加入 0.02% Tween-20。

12）封闭液（blocking buffer）：用 PBST 缓冲液加入 5% ~10% 脱脂奶粉，放 4℃ 保存。

13）丽春红染液：用 4% 乙酸配制 1% 丽春红。

14）嗜水气单胞菌细胞，自制嗜水气单胞菌的抗体（一抗和二抗）。

2. 仪器用品

电泳仪、垂直电泳槽等电泳常用设备；电泳印迹装置、振荡器、磁力搅拌器等。

【实验原理】

蛋白质印迹（western blotting）又称免疫印迹法，是 1979 年 Towbin 等将 DNA 的

Southern blotting 技术扩展到蛋白质研究领域,并与特异灵敏的免疫分析技术相结合而发展的技术。即先将蛋白质经高分辨率的聚丙烯酰胺凝胶电泳(polyacrylamide gel electrophoresis, PAGE)有效分离成许多蛋白质区带,分离后的蛋白质转移到固定基质上,然后以抗体为探针,与附着于固相基质上的靶蛋白所呈现的抗原表面发生特异性反应,最后结合上的抗体可用多种二级免疫学试剂(如^{125}I标记的抗免疫球蛋白、与辣根过氧化物酶或碱性磷酸酶偶联的抗免疫球蛋白等)检测。免疫印迹法可测出 1~5 ng 的待检蛋白。该技术主要用于未知蛋白质的检测及抗原组分、抗原决定簇的分子生物学测定;同时也可用于未知抗体的检测和单克隆抗体(monoclonal antibody, McAb)的鉴定等。

【实验方法】

1. 聚丙烯酰胺凝胶电泳

(1) 准备细胞裂解物

1) 用胰蛋白酶消化并离心收集嗜水气单胞菌的细菌细胞。

2) 用裂解缓冲液裂解沉淀细胞,冰浴 10 min。5×10^5 个细胞用 20 μL 裂解缓冲液。

3) 4℃,14 000 r/min 离心 10 min。将上清移到新的离心管中,弃沉淀。

4) 确定蛋白质浓度。

5) 样品液中加入等体积的 2 倍加样缓冲液。

6) 煮沸 5 min。

7) 室温冷却 5 min。

8) 离心数秒。

(2) 凝胶制备

1) 安装好灌胶装置。

2) 倒入分离胶至梳子孔下 1 cm。

3) 用 1 mL 水饱和的正丁醇封闭凝胶(能在这一步停止,放置过夜)。

4) 当凝胶凝固后,倒掉正丁醇,并用去离子水淋洗。

5) 灌入浓缩胶后,立即插入梳子。

6) 当浓缩胶凝固后,将凝胶放入电泳槽,并加入缓冲液。

(3) 凝胶电泳

1) 快速离心样品上样。一定记得加相对分子质量标准的参照蛋白(marker)。

2) 按 SDS - PAGE 不连续缓冲系统进行,凝胶上所加电压为 8 V/cm。当染料前沿进入分离胶后,将电压提高到 15 V/cm,继续电泳至溴酚蓝到达分离胶底部(约需 4 h),然后关掉电源终止电泳。

2. 转移

1) 戴上手套,切 6 张 3MM 滤纸和 1 张硝酸纤维素膜,其大小都应与凝胶大小完全吻合。注意:拿取凝胶、3MM 滤纸和硝酸纤维素膜时必须戴手套。

2) 将硝酸纤维素膜浸没于去离子水中,浸泡 5 min 以上以去除留于滤膜上的气泡。同时将 6 张 3MM 滤纸浸泡于转移缓冲液中。

3）戴上手套按如下方法安装转移装置：① 平放底部电极(阴极)，石墨一边朝上。② 在这一电极上放置 3 张用转移缓冲液浸泡过的 3MM 滤纸，逐张叠放，精确对齐，然后用一玻璃移液管作滚筒以挤出所有气泡。③ 把硝酸纤维素膜放在 3MM 滤纸堆上，要保证精确对齐，而且在 3MM 滤纸与硝酸纤维素膜之间不留有气泡。④ 从电泳槽上撤出放置 SDS-聚丙烯酰胺凝胶的玻璃，把凝胶转移到一盘去离子水中略为漂洗一下，然后准确平放于硝酸纤维素膜上，把凝胶左下角置于硝酸纤维素膜的标记角上，戴手套排除所有气泡。

4）将靠上方的电极(阳极)放于夹层上，石墨一边朝下，连接电源，根据凝胶面积按 0.65 mA/cm^2，接通电流，电转移 1.5~2 h。

3. 硝酸纤维素膜上蛋白质染色

1）电转移结束后，拆卸转移装置，将硝酸纤维素膜移至小容器中。
2）将硝酸纤维素膜浸泡于水中 5 min 以上以去除留于其上的气泡。
3）将硝酸纤维素膜置于丽春红染色液中染色 5~10 min，其间轻轻摇动托盘。
4）蛋白带出现后，于室温用去离子水漂洗硝酸纤维素膜，其间换水数次。
5）用防水性印度墨汁标出作为相对分子质量标准的参照蛋白质位置。

4. 免疫检测

1）膜的封闭：将硝酸纤维素膜完全没入封闭液中，轻轻摇动 30~60 min。
2）洗膜：倒掉封闭液，用 PBST 缓冲液轻洗 3 次。
3）加入一抗：倒掉 PBST 缓冲液，将一抗用 PBST 溶液稀释至适当浓度后加入容器中至完全浸泡硝酸纤维素膜，轻轻摇动 1 h 以上。
4）洗膜：倒掉一抗溶液，用 PBST 缓冲液洗膜 2 次，每次 5 min。
5）加入二抗：倒掉 PBST 缓冲液，加入用 PBST 溶液稀释至适当浓度的二抗，轻轻摇动 1 h 以上。
6）洗膜：倒掉二抗溶液，用 PBST 缓冲液洗膜 3 次，每次 10 min。
7）硝酸纤维素膜显色：将膜置入底物溶液中，在暗室反应 15~30 min。当出现明显的棕色斑点时，立即用自来水冲洗，最后用蒸馏水彻底漂洗。实验结果照相保存，硝酸纤维素膜干燥后避光保存。

【实验报告】
结果图示 Western blotting 的反应原理并写出实验结果。
【思考题】
如何用 Western blotting 反应用于水生病原的细菌和病毒的鉴定工作？

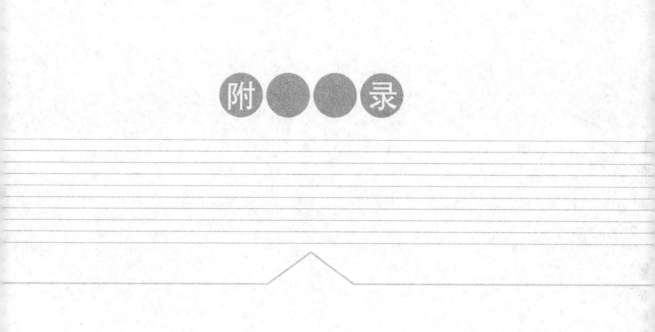

附　　录

附录一　常用培养基成分

1. 普通营养琼脂(肉汤)培养基(实验二、三、六、七、八、九、十、十一、十四、十五、十七)

牛肉膏	3.0 g
蛋白胨	10.0 g
氯化钠	5.0 g
琼脂	15.0~20.0 g
蒸馏水	1 000.0 mL

混匀,加热溶解,调 pH 至 7.6,分装,112 kPa 高压灭菌 15 min,冷却至 45℃倾注灭菌平板。

注:普通营养肉汤培养基,除了没有琼脂外,其他成分与普通营养琼脂培养基完全相同。

2. 无氮培养基(实验三)

甘露醇(或葡萄糖)	10.0 g
KH_2PO_4	0.2 g
$MgSO_4 \cdot 7H_2O$	0.2 g
$CaCl_2$	0.2 g
$CaSO_4 \cdot 2H_2O$	0.2 g
$CaCO_3$	5.0 g
蒸馏水	1 000.0 mL
pH	7.0~7.2

115℃ 灭菌 30 min。

3. 马铃薯葡萄糖培养基(简称 PDA,培养真菌)(实验四、五、六)

马铃薯	200.0 g
蔗糖(或葡萄糖)	20.0 g
琼脂	15.0~20.0 g
水	1 000.0 mL
pH	自然

马铃薯去皮,切成块煮沸 30 min,然后用纱布过滤,再加糖及琼脂,溶化后补足水至 1 000 mL。121℃灭菌 30 min。

4. 高氏(Gause)I 号培养基(培养放线菌)(实验六)

可溶性淀粉	20.0 g

KNO₃	1.0 g

KNO$_3$	1.0 g
NaCl	0.5 g
K$_2$HPO$_4$	0.5 g
MgSO$_4$	0.5 g
FeSO$_4$	0.01 g
琼脂	20.0 g
水	1 000.0 mL
pH	7.2~7.4

配制时,先用少量冷水,将淀粉调成糊状,倒入煮沸的水中,在火上加热,边搅拌边加入其他成分,溶化后,补足水分至 1 000 mL。121℃灭菌 20 min。

5. 胰蛋白胨大豆琼脂培养基(实验十)

胰酪蛋白胨	15.0 g
大豆木瓜蛋白酶水解物	5.0 g
氯化钠	5.0 g
琼脂	15.0~20.0 g
蒸馏水	1 000.0 mL
pH	7.3±0.2

121℃高压蒸汽灭菌。

6. AHM 鉴别培养基(嗜水气单胞菌鉴别培养基)(实验十五)

蛋白胨	5.0 g
酵母提取物	3.0 g
胰蛋白胨	10.0 g
L-盐酸鸟氨酸	5.0 g
甘露醇	1.0 g
肌醇	10.0 g
硫代硫酸钠	0.4 g
柠檬酸铁胺	0.5 g
溴甲酚紫	0.02 g
琼脂	3.0 g
蒸馏水	1 000.0 mL
pH	6.7±0.2

115℃高压灭菌 15 min。

7. 半固体高层营养琼脂培养基(实验九)

牛肉膏蛋白胨液体培养基	1 000.0 mL
琼脂	3.5~4.0 g

pH	7.6

121℃灭菌 20 min。

8. LB(Luria-Bertani)液体培养基(实验十三)

胰蛋白胨	10.0 g
酵母提取物	5.0 g
氯化钠	10.0 g
蒸馏水	1 000.0 mL
pH	7.0

121℃ 高压蒸汽灭菌 20 min。

9. 硫代硫酸盐柠檬酸盐胆盐蔗糖琼脂培养基(thiosulfate citrate bile salts sucrose agar culture medium，TCBS 培养基)(实验五、实验十四)

酵母粉	5.0 g
蛋白胨	10.0 g
硫代硫酸钠	10.0 g
枸橼酸钠	10.0 g
牛胆粉	5.0 g
牛胆酸钠	3.0 g
蔗糖	20.0 g
氯化钠	10.0 g
柠檬酸铁	1.0 g
溴麝香草酚蓝	0.04 g(2%溶液,20.0 mL)
麝香草酚蓝	0.04 g(1%溶液,4.0 mL)
琼脂	15.0 g
蒸馏水	1 000.0 mL

混匀,加热溶解,调 pH 至 8.6 ± 0.1 分装,冷却至45℃倾注灭菌平板。

10. LBS 液体培养基(实验十四)

胰蛋白胨	10.0 g
酵母粉	5.0 g
氯化钠	20.0 g
1 mol/L Tris pH 7.5	50.0 mL
蒸馏水	950.0 mL

121℃ 高压蒸汽灭菌 20 min。

11. 血琼脂基础培养基(实验十五)

胰蛋白胨	15.0 g

大豆蛋白胨	5.0 g
氯化钠	5.0 g
琼脂	15.0~20.0 g

pH7.3 ± 0.1,温度 25℃

加热溶解于 1 000 mL 蒸馏水中,121℃高压灭菌 15 min,冷却至 50~55℃时无菌操作加入 5%~10%(V/V)预温至 37℃的无菌脱纤维羊(兔)血,混匀,倾入无菌平板。

无菌脱纤维羊(兔)血的制备:用配有 18 号针头的注射器以无菌操作抽取全血,并立即注入装有无菌玻璃珠(约 3 mm)的无菌三角烧瓶中,摇动三角烧瓶 10 min,形成的纤维蛋白块会沉淀在玻璃珠上,把含血细胞和血清的上清液倾入无菌容器中,即得脱纤维羊(兔)血,置冰箱备用。

12. RS 琼脂培养基(实验十四)

L-盐酸鸟氨酸	6.5 g
L-盐酸赖氨酸	5.0 g
L-盐酸半胱氨酸	0.3 g
麦芽糖	3.5 g
硫代硫酸钠($Na_2S_2O_3 \cdot 5H_2O$)	6.8 g
枸橼酸铁铵	0.8 g
脱氧胆酸钠	1.0 g
氯化钠	5.0 g
酵母提取物	3.0 g
新生霉素	0.005 g
溴麝香草酚蓝	0.03 g
琼脂	13.5 g
蒸馏水	1 000.0 mL

pH7.0±0.1,温度 25℃。

13. 伊红美蓝培养基(EMB 培养基)(实验十七)

蛋白胨水琼脂培养基	1 000.0 mL
20%乳糖溶液	20.0 mL
2%伊红水溶液	20.0 mL
0.5%美蓝水溶液	10.0 mL

将已灭菌的蛋白胨水琼脂培养基(pH7.6)加热溶化,冷却至 60℃左右时,再把已灭菌的乳糖溶液、伊红水溶液及美蓝水溶液按上述量以无菌操作加入。摇匀后,立即倒平板。乳糖在高温灭菌易被破坏必须严格控制灭菌温度,115 ℃灭菌 20 min。

14. 查氏(Czapek)培养基(培养霉菌)(实验五)

| NaNO$_3$ | 2.0 g |

K_2HPO_4	1.0 g
KCl	0.5 g
$MgSO_4$	0.5 g
$FeSO_4$	0.01 g
蔗糖	30.0 g
琼脂	15.0～20.0 g
水	1 000.0 mL
pH	自然

121℃灭菌 20 min。

15. 马丁氏(Martin)琼脂培养基(分离真菌)(实验八)

葡萄糖	10.0 g
蛋白胨	5.0 g
KH_2PO_4	1.0 g
$MgSO_4 \cdot 7H_2O$	0.5 g
1/3 000 孟加拉红(rose bengal,玫瑰红水溶液)	100 mL
琼脂	15.0～20.0 g
pH	自然
蒸馏水	800.0 mL

121℃灭菌 30 min。

临用前加入 0.03%链霉素稀释液 100 mL,使每毫升培养基中含链霉素 30 mg。

16. 葡萄糖氧化发酵试验(氧化型-发酵型,O/F)Hugh-Leifson 测定培养基(实验十)

蛋白胨	2.0 g
氯化钠	5.0 g
磷酸氢二钾	0.3 g
葡萄糖	10.0 g
琼脂	3.0 g
1%溴麝香草酚蓝	3.0 mL
蒸馏水	1 000.0 mL

将蛋白胨、盐、琼脂和水混合,加热溶解,校正 pH 至 7.2,然后加葡萄糖和指示剂,加热溶解;分装试管,3～4 mL/管;115℃,高压蒸汽灭菌 20 min,取出后冷却成琼脂柱。

17. β-半乳糖苷试验(ONPG)培养基(实验十)

邻硝基酚β-半乳糖苷	0.6 g
0.01 mol/L pH7.5 磷酸缓冲液	1 000.0 mL
pH7.5 的灭菌 1%蛋白胨水	300.0 mL

先将前两种成分混合溶解,过滤除菌,在无菌条件下与 1%蛋白胨水混合,分装试管,

2~3 mL/管,无菌检验后备用。

18. 葡萄糖蛋白胨水(实验十)

蛋白胨	5.0 g
葡萄糖	5.0 g
K_2HPO_4	2.0 g
蒸馏水	1 000.0 mL

将蛋白胨与氯化钠加入蒸馏水中,加热溶解后调 pH 至 7.6,再煮沸加热 30 min。待冷却后用滤纸过滤,分装,121℃高压蒸汽灭菌 15 min。

19. 明胶培养基(实验十)

明胶	120.0~180.0 g
普通营养肉汤培养基	1 000.0 mL

将明胶加入营养肉汤培养基内,水浴中加热溶解,调 pH 至 7.2,分装试管,115℃高压蒸汽灭菌 10 min,取出后迅速冷却,使其凝固。

20. Dunham 氏蛋白胨水溶液(实验十)

蛋白胨	1.0 g
氯化钠	0.5 g
蒸馏水	100.0 mL

将蛋白胨与氯化钠加入蒸馏水中,加热溶解后调 pH 至 7.6,再煮沸加热 30 min。待冷却后用滤纸过滤,分装,121℃高压蒸汽灭菌 15 min。

21. 半固体醋酸铅培养基(实验十)

普通营养肉汤(pH7.6)	1 000 mL
琼脂粉	1.0~2.0 g
无菌10%的醋酸铅水溶液	10.0 mL

将琼脂粉加入营养肉汤中,加热溶解后,121℃高压灭菌 30 min。取出冷却至 50℃左右,加入醋酸铅水溶液,充分混匀,3~4 mL/管,分装于小试管中备用。

22. 半固体三糖铁尿琼脂培养基(实验十)

上层:

蛋白胨	10.0 g
牛肉膏	3.0 g
氯化钠	5.0 g
乳糖	20.0 g
葡萄糖	1.0 g
$Na_2S_2O_3$	0.2 g

FeSO₃	0.2 g
20%尿素溶液	10.0 mL
0.4%酚红溶液	5.0 mL
1%玫红酸乙醇溶液	1.5 mL
琼脂	15.0~20.0 g
蒸馏水	1 000.0 mL

除尿素溶液外,将上述成分依次加入蒸馏水中,加热溶解,调 pH 至 7.2,121℃高压蒸汽灭菌 15 min,待冷却至 50~55℃ 左右加入已滤过除菌的尿素溶液,混匀分装于灭菌试管,放成斜面备用。

下层:

蛋白胨	2.0 g
氯化钠	5.0 g
甘露醇	1.0 g
1%中国蓝液	0.6 mL
琼脂	4.0 g
蒸馏水	1 000.0 mL

下层试剂除指示剂外,均加热溶化,校正 pH 至 7.8 后加入中国蓝。分装试管,1 mL/管。上层各试剂除尿素、酚红及玫红酸外,均加热溶化,过滤。校正 pH 至 7.8 后加入指示剂和玫红酸。之后一并与下层各管进行 121℃ 高压灭菌 15 min 。待上层冷却至 60~70℃ 时,加入经过滤或化学灭菌(用麝香草酚作用 24 h 以上)的 20% 尿素液。混合后分装于已凝固的下层试管中,2.0~2.5 mL/管。倾斜待凝,使成双层斜面并有 1 cm 直立段的三糖管。

23. Christensen 氏尿素琼脂培养基(实验十)

蛋白胨	10.0 g
葡萄糖	1.0 g
氯化钠	5.0 g
磷酸二氢钾	2.0 g
0.4%酚红溶液	3.0 mL
琼脂	20.0 g
20%尿素溶液	100.0 mL
蒸馏水	900.0 mL

除尿素溶液外,将上述成分依次加入蒸馏水中,加热溶解,调 pH 至 7.2,121℃高压蒸汽灭菌 15 min,待冷至 50~55℃ 左右加入已滤过除菌的尿素溶液,混匀分装于灭菌试管,放成斜面备用。

24. 苯丙氨酸脱氨酶试验培养基(实验十)

DL -苯丙氨酸	2.0 g

（或者 L-苯丙氨酸）	1.0 g
氯化钠	5.0 g
琼脂	12.0 g
酵母浸膏	3.0 g
磷酸氢二钠	1.0 g
蒸馏水	1 000.0 mL

分装于小试管内,121℃高压蒸汽灭菌 10 min,制成斜面。

25. 氨基酸脱羧酶试验培养基(实验十)

蛋白胨	5.0 g
酵母浸膏	3.0 g
葡萄糖	1.0 g
0.2%溴麝香草酚蓝溶液	12.0 mL
蒸馏水	1 000.0 mL

调整 pH 至 6.8,在每 100 mL 基础培养基内,加入需要测定的氨基酸 0.5 g,所加的氨基酸应先溶解于 1.5%NaOH 溶液内(L-α-赖氨酸 0.5 g+1.5%NaOH 溶液 0.5 mL,L-α-鸟氨酸 0.5 g+1.5%NaOH 溶液 0.5 mL)。加入氨基酸后,再调整 pH 至 6.8,分装于灭菌小试管内, l mL/管,121℃高压蒸汽灭菌 10 min。

26. 西蒙氏枸橼酸盐培养基(Simmons citrate medium)(实验十)

氯化钠	5.0 g
硫酸镁	0.2 g
磷酸二氢铵	1.0 g
磷酸氢二钾	1.0 g
柠檬酸钠	5.0 g
琼脂	15.0~20.0 g
溴麝香草酚蓝	0.08 g
蒸馏水	1 000.0 mL
pH	6.8 ± 0.1

121℃高压灭菌 15 min，备用。

27. 脑心浸液肉汤培养基(hrain heart infusion broth)(实验十二)

蛋白胨	10.0 g
脱水小牛脑浸粉	12.5 g
脱水牛心浸粉	5.0 g
氯化钠	5.0 g
葡萄糖	2.0 g
磷酸氢二钠	2.5 g

| 蒸馏水 | 1 000.0 mL |
| pH | 7.4 ± 0.2 |

称取以上各成分,加热搅拌溶解于 1 000 ml 蒸馏水中,121℃高压灭菌 15 min,备用。

28. 1%脱脂奶蔗糖胰蛋白胨培养基(实验十五)

胰酪蛋白胨	5.0 g
蔗糖	5.0 g
KCl	1.5 g
KH_2PO_4	10.0 g
脱脂奶粉	10.0 g
琼脂	15.0~20.0 g
pH	7.0 ± 0.1
蒸馏水	1 000.0 mL

121℃高压灭菌 15 min,冷却至 45℃时倾入无菌平板,备用。

附录二 染色液和试剂的配制

1. 实验二

吕氏碱性美蓝染色液

A 液：2%美蓝(Methylene blue)95%乙醇溶液	30.0 mL
B 液：10%KOH 溶液	0.1 mL
蒸馏水	100.0 mL

2. 实验三

草酸铵结晶紫染液

甲液：

结晶紫	2.0 g
溶于95%乙醇	20.0 mL

乙液：

草酸铵	0.8 g
溶于蒸馏水	80.0 mL

使用前将甲液和乙液混合。

革兰氏碘液

碘(I_2)	1.0 g
碘化钾(K_2I)	2.0 g
蒸馏水	100.0 mL

沙黄复染液

2.5%沙黄溶于95%乙醇溶液	10.0 mL
蒸馏水	80.0 mL

硝酸银鞭毛染色液

A 液：

单宁酸	5.0 g
$FeCl_3$	1.5 g
蒸馏水	100.0 mL
福尔马林(15%)	2.0 mL
NaOH(1%)	1.0 mL

冰箱内可以保存 3~7 d,延长保存期会产生沉淀,但用滤纸除去沉淀后,仍能使用。

B 液：

AgNO$_3$	2.0 g
蒸馏水	100.0 mL

待 AgNO$_3$ 溶解后,取出 10 mL 备用,向余下的 90 mL AgNO$_3$ 中滴入 NH$_4$OH,使之成为很浓厚的悬浮液,再继续滴加 NH$_4$OH,直到新形成的沉淀又重新刚刚溶解为止。再将备用的 10 mL AgNO$_3$ 慢慢地滴入,则出现薄雾,但轻轻摇动后,薄雾状沉淀又消失,再滴入 AgNO$_3$,直到摇动后仍呈现轻微而稳定的薄雾状沉淀为止。冰箱内保存通常 10 d 内仍可使用。

Leifson 氏鞭毛染色液

A 液：

碱性复红	1.2 g
95%乙醇	100 mL

B 液：

单宁酸	3.0 g
蒸馏水	100.0 mL

C 液：

NaCl	1.5 g
蒸馏水	100.0 mL

临用前将 A、B、C 液等量混合均匀后使用。三种溶液分别于室温保存可保存几周,若分别置冰箱保存,可保存数月。混合液装密封瓶内置冰箱几周仍可使用。

3. 实验五

乳酸石炭酸棉蓝染色液

石炭酸(结晶酚)	20.0 g
乳酸	20.0 mL
甘油	40.0 mL
棉蓝	0.05 g
蒸馏水	20.0 mL

将棉蓝溶于蒸馏水中,再加入其他成分,微加热使其溶解,冷却后用。

4. 实验十

复红酒精染液

碱性复红	0.4 g
95%乙醇	100.0 mL

Kovacs 试剂

对二甲基氨基苯甲醛	5.0 g

| 戊醇 | 75.0 g |
| 浓盐酸 | 25.0 mL |

糖发酵试验管

蛋白胨水

蛋白胨	5.0 g
蒸馏水	1 000.0 mL
pH	7.4

先配蛋白胨水,分装,每瓶 100 mL。每 100 mL 蛋白胨水中分别加入葡萄糖、蔗糖、阿拉伯糖、七叶苷及水杨苷 1.0 g,充分溶解,分装试管,121℃高压灭菌 10 min。

溴甲酚紫指示剂

溴甲酚紫	0.04 g
0.01 mol/L NaOH	7.4 g
蒸馏水	92.6 mL

溴甲酚紫 pH5.2~6.8,颜色由黄变紫,常用质量浓度为 0.04%。

溴麝香草酚蓝指示剂

溴麝香草酚蓝	0.04 g
0.01 mol/L NaOH	6.4 mL
蒸馏水	93.6 mL

溴麝香草酚蓝 pH6.0~7.6,颜色由黄变蓝,常用质量浓度为 0.04%。

甲基红试剂

甲基红(methyl red)	0.04 g
95%乙醇	60.0 mL
蒸馏水	40.0 mL

先将甲基红溶于 95%乙醇中,然后加入蒸馏水即可。

VP 试剂

甲液:5%α-萘酚无水乙醇溶液

| α-萘酚 | 5.0 g |
| 无水乙醇 | 100.0 mL |

乙液:40%KOH 溶液

| KOH | 40.0 g |
| 蒸馏水 | 100.0 mL |

将甲液和乙液分别装于棕色瓶中,于 4~10℃保存。

(或硫酸铜 1 g,浓氨水 40 mL,10% KOH 950 mL,蒸馏水 10 mL。)

吲哚试剂

对二甲基氨基苯甲醛	2 g
95%乙醇	190.0 mL
浓盐酸	40.0 mL

氧化酶试验试剂

1%四甲基对苯二胺(Tetramethyl-p-phenylenediamine)

新鲜配制,装棕色瓶贮存,4℃,可保存1个月。

附录三　常用消毒剂表

高效消毒剂					
品　名	有效成分(含量)	杀菌能力	刺激性腐蚀性	稳定性	使用范围
甲醛	多聚甲醛	一般(温度对熏蒸效果影响很大)	强	不稳定	环境
戊二醛	碱性戊二醛	强	较弱	不稳定	养殖、环境、器械、水体等
	酸性戊二醛	强	较弱	较稳定	养殖、环境、器械、水体等
	强化酸性戊二醛	很强(加强化增效剂杀菌效果增倍)	较弱	较稳定	养殖、环境、器械、水体等
邻苯二甲醛	OPA	很强	无	很稳定	养殖、环境、器械、水体等
环氧乙烷		强	强	不稳定	不耐高温的物品、医院和精密仪器
含溴消毒剂 1,3－二溴－5,5－二甲基乙内酰脲	32%~42%	强	无	稳定	水体、养殖、环境、器械等
二氯海因	70%	强	较弱	较稳定	水体、养殖、环境、器械等
溴氯海因	57%	强	弱	较稳定	水体、养殖、环境、器械等
二氧化氯(复合亚氯酸钠)		强	无	稳定	饮水、养殖、环境、器械等
臭氧		强	无	差	饮水、环境
过氧化氢(双氧水)		强	强	差	环境、空间
过氧乙酸		强	强	差	环境、空间
过氧戊二酸		强	强	差	环境、空间
过硫酸复合盐		强	无	稳定	饮水、养殖、环境等
二氯异氰尿酸钠(优氯净)	>55	强	较强	水溶液不稳定	饮水、环境、工具等
二(三)氯异氰尿酸	≥65 ≥90	强	较强	一般	饮水、环境、器械等
氯胺－T 甲苯磺酰胺钠	≥23~26	强	较弱	水溶液不稳定	饮水、养殖、环境等
次氯酸钠 $NaClO \cdot 5H_2O$	100~140	很强	强	很差	环境、空间
漂白粉 $CaOCl_2$	35	强	强	很差	环境、空间

续　表

高效消毒剂

品　名	有效成分（含量）	杀菌能力	刺激性腐蚀性	稳定性	使用范围
漂（白）粉精 $Ca(ClO)_2 \cdot 2H_2O$	60	强	强	差	环境、空间
氯化磷酸三钠 $Na_3PO_4 \cdot 1/4NaOCl \cdot 12H_2O$	3	强	强	较稳定	环境、空间、去污、浸泡等

中效消毒剂

品　名	有效成分（含量）	杀菌能力	刺激性腐蚀性	稳定性	使用范围
乙醇	75%	一般	无	一般	环境、器械、皮肤
传统碘制剂	碘水溶液碘酊和碘甘油	较强（无表面活性及缓释作用）	强	很差	环境
复合碘	碘酸溶液	较强（表面活性及缓释作用较弱）	强	一般	环境、空间、饮水
碘伏	非离子型 PVP–I/NP–I	强（表面活性好及缓释作用强）	无	很稳定	饮水、黏膜、养殖、环境、伤口治疗等
	碘阳离子型季铵盐	强（表面活性好及缓释作用强）	无	很稳定	养殖、环境等
	阴离子型烷基磺酸盐碘	较强（表面活性好及缓释作用强）	无	较差	——
苯酚		弱	强		环境
煤酚皂液（来苏儿）		稍强（酚系数：2~2.7）	强		环境
复合酚（农福）		强	强		环境
氯甲酚溶液（4–氯–3–甲基苯酚）		很强（酚系数：20）	无		养殖、车辆、环境、器物等

低效消毒剂

品　名	有效成分（含量）	杀菌能力	刺激性腐蚀性	稳定性	使用范围
氯己定（洗必太）		弱（抗药性很强）	无	稳定	伤口、黏膜冲洗擦拭
苯扎溴铵（新洁尔灭或溴苄烷铵）		弱（使用浓度高、影响杀菌效果因素很多）	皮肤、黏膜刺激性低，但对金属有腐蚀	稳定	伤口、黏膜冲洗擦拭
度米芬（消毒宁）		弱（稍于强苯扎溴铵）	无	稳定	伤口、黏膜冲洗擦拭
百毒杀 50% 双癸基二甲基溴化铵		较强（双链季铵盐杀菌效果强于单链季铵盐）	无	稳定	养殖、伤口、黏膜冲洗擦拭等

| 高危险性消毒化学品：CIP 管道、养殖 | | | | |
品　名	有效成分(含量)	杀菌能力	刺激性腐蚀性	稳定性	使用范围
烧碱（火碱/氢氧化钠)、石灰等		较强（成分单一，杀毒范围窄，无表面活性作用，存在有机物时降低消毒效果）	强	不稳定（极易吸潮,导致结块、失效）	一次性空舍消毒
醋酸、盐酸		一般（成分单一，杀毒范围窄，无表面活性作用,存在有机物时降低消毒效果）	强	不稳定	一次性空舍消毒

附录四　市售常用浓酸、氨水密度及浓度

名　称	基本单元		密　度	近似浓度	
	化学式	摩尔质量		质量百分浓度%	物质的量浓度 mol/L
盐酸	HCl	36.46	1.19	38	12
硝酸	HNO_3	63.01	1.42	70	16
硫酸	H_2SO_4	98.07	1.84	98	18
高氯酸	$HClO_4$	100.46	1.67	70	11.6
磷酸	H_3PO_4	98.00	1.69	85	15
氢氟酸	HF	20.01	1.13	40	22.5
冰乙酸	CH_3COOH	60.05	1.05	99.9	17.5
氨水	$NH_3 \cdot H_2O$	35.05	0.90	27(NH_3)	14.5
氢溴酸	HBr	80.93	1.49	47	9
甲酸	HCOOH	46.04	1.06	26	6
过氧化氢	H_2O_2	34.01		>30	

附录五 致病性嗜水气单胞菌检验程序

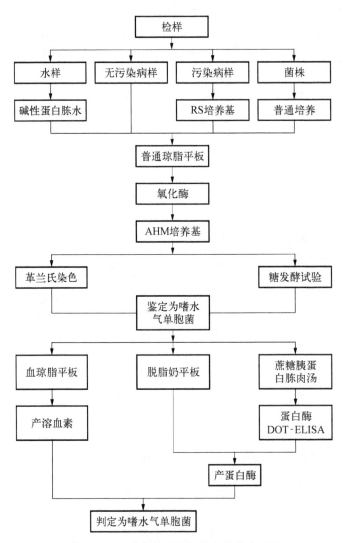

附图 5-1　致病性嗜水气单胞菌检验程序

附录六 细菌的传统鉴定方法

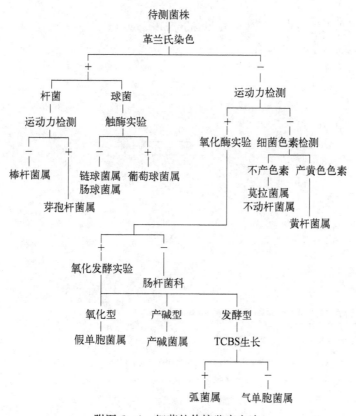

附图 6-1 细菌的传统鉴定方法

附录七　测序菌株 BLAST 比对和进化树构建方法与步骤

1. 打开 NCBI 网站 http://www.ncbi.nlm.nih.gov/.
2. 选择网页中的 blast 选项。

POPULAR
PubMed
Bookshelf
PubMed Central
PubMed Health
BLAST
Nucleotide
Genome
SNP
Gene

3. 选择其中的核酸比对项。

Basic BLAST

Choose a BLAST program to run.

nucleotide blast	Search a **nucleotide** database using a **nucleotide** query *Algorithms*: blastn, megablast, discontiguous megablast
protein blast	Search **protein** database using a **protein** query *Algorithms*: blastp, psi-blast, phi-blast, delta-blast
blastx	Search protein database using a **translated nucleotide** query
tblastn	Search **translated nucleotide** database using a **protein** query
tblastx	Search **translated nucleotide** database using a **translated nucleotide** query

4. 将测序得到的拼接序列复制到比对框中,点击比对按钮。

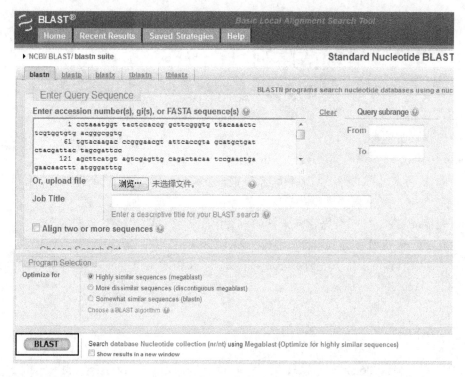

5. 得到数据库中的相似菌株的序列以及基因登录号。

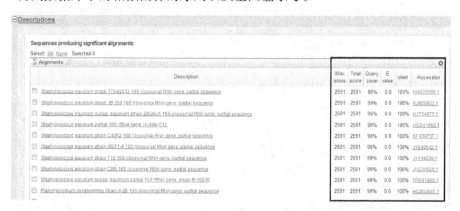

6. 将相似菌株的序列下载下来,和测序菌株一起用 MEGA5.1 做进化树分析。

附录八　细菌序列号（accession number）查询网址及方法

1. 登录以下网址：

http://www.ncbi.nlm.nih.gov/genbank/

2. 输入 菌株名称，如：Ah201416，点击查询（search），即可出现该菌株的所有信息，如菌株名称，作者，单位，发表文章等。

3. 复制粘贴网页内容，保存该菌株的所有信息。如：Ah201416 菌株为例。

http://www.ncbi.nlm.nih.gov/nuccore/KR006248

Aeromonas hydrophila 16S ribosomal RNA gene, partial sequence

Ah201416

GenBank：KR006248.1

FASTA Graphics

Go to：

LOCUS　　　KR006248　　　1451 bp　　　DNA　　　linear　　　BCT 14 - SEP - 2015

DEFINITION　Aeromonas hydrophila 16S ribosomal RNA gene, partial sequence.

ACCESSION　KR006248

　VERSION　　KR006248.1　GI：926474573

KEYWORDS　.

　SOURCE　　Aeromonas hydrophila

ORGANISM　Aeromonas hydrophila

　　　　　　Bacteria; Proteobacteria; Gammaproteobacteria; Aeromonadales;

　　　　　　Aeromonadaceae; Aeromonas.

REFERENCE　1　(bases 1 to 1451)

　AUTHORS　Ma, W. Y., Chen, B., Liu, Z. Z., Xu, H. D., Ji, C., Zhang, Q. Y.,

　　　　　　Wang, X. B., Jia, L. and Zhang, Q. H.

　　TITLE　Isolation and Identification of Aeromonas hydrophila caused

　　　　　　bacteria disease in Scatophagus argus

　JOURNAL　Unpublished

REFERENCE　2　(bases 1 to 1451)

　AUTHORS　Ma, W. Y., Chen, B., Liu, Z. Z., Xu, H. D., Ji, C., Zhang, Q. Y.,

　　　　　　Wang, X. B., Jia, L. and Zhang, Q. H.

　　TITLE　Direct Submission

　JOURNAL　Submitted (25 - MAR - 2015) College of Fisheries and Life Science,

　　　　　　Shanghai Ocean University, Huchenghuan Road 999, Lingang New City

Pudong New Area, Shanghai, Shanghai 201306, P. R. China

FEATURES   Location/Qualifiers
  source   1..1451
                      /organism="Aeromonas hydrophila"
                      /mol_type="genomic DNA"
                      /strain="Ah201416"
                      /isolation_source="liver"
                      /host="Selenotoca multifasciata"
                      /db_xref="taxon: 644"
                      /country="China"
                      /collection_date="10-Jun-2014"
                      /PCR_primers="fwd_name: 27F, fwd_seq:
                      agagtttgagtttgatcmtggctcag, rev_name: 1492R, rev_seq:
                      ggttaccttgttacgactt"
  rRNA   <1..>1451
                      /product="16S ribosomal RNA"
ORIGIN
        1 aattagctgg cggcaggcct acacatgcaa gtcgagcggc agcgggaaag tagcttgcta
       61 cttttgccgg cgagcggcgg acgggtgagt aatgcctggg aaattgccca gtcgaggggg
      121 ataacagttg gaaacgactg ctaataccgc atacgcccta cggggggaaag caggggacct
      181 tcgggccttg cgcgattgga tatgcccagg tgggattagc tagttggtga ggtaatggct
      241 caccaaggcg acgatcccta gctggtctga gaggatgatc agccacactg gaactgagac
      301 acggtccaga ctcctacggg aggcagcagt ggggaatatt gcacaatggg ggaaaccctg
      361 atgcagccat gccgcgtgtg tgaagaaggc cttcggggttg taaagcactt tcagcgagga
      421 ggaaaggtca gtagctaata tctgctgact gtgacgttac tcgcagaaga agcaccggct
      481 aactccgtgc cagcagccgc ggtaatacgg agggtgcaag cgttaatcgg aattactggg
      541 cgtaaagcgc acgcaggcgg ttggataagt tagatgtgaa agccccgggc tcaacctggg
      601 aattgcattt aaaactgtcc agctagagtc ttgtagaggg gggtagaatt ccaggtgtag
      661 cggtgaaatg cgtagagatc tggaggaata ccggtggcga aggcggcccc ctggacaaag
      721 actgacgctc aggtgcgaaa gcgtggggag caaacaggat tagataccct ggtagtccac
      781 gccgtaaacg atgtcgattt ggaggctgtg tccttgagac gtggcttccg gagctaacgc
      841 gttaaatcga ccgcctgggg agtacggccg caaggttaaa actcaaatga attgacgggg
      901 gcccgcacaa gcggtggagc atgtggttta attcgatgca acgcgaagaa ccttacctgg
      961 ccttgacatg tctggaatcc tgcagagatg cgggagtgcc ttcgggaatc agaacacagg
     1021 tgctgcatgg ctgtcgtcag ctcgtgtcgt gagatgttgg gttaagtccc gcaacgagcg
     1081 caaccctgt cctttgttgc cagcacgtaa tggtgggaac tcaagggaga ctgccggtga
     1141 taaaccggag gaaggtgggg atgacgtcaa gtcatcatgg cccttacggc cagggctaca
     1201 cacgtgctac aatggcgcgt acagagggct gcaagctagc gatagtgagc gaatcccaaa

1261 aagcgcgtcg tagtccggat tggagtctgc aactcgactc catgaagtcg gaatcgctag

1321 taatcgcaaa tcagaatgtt gcggtgaata cgttcccggg ccttgtacac accgcccgtc

1381 acaccatggg agtgggttgc accagaagta gatagcttaa ccttcgggag ggcgttacca

1441 cggtgatatg c

附录九　部分常用的菌种保藏机构名称

1. 美国菌种保藏中心（又称美国模式菌种收集中心，American Type Culture Collection，ATCC）

网址：http://www.atcc.org/

2. ATCC 中国总代理

网址：http://www.atcc.org/en/Support/Find_ATCC_Distributors.aspx

北京中原有限公司

网址：http://www.sinozhongyuan.com/

3. 德国微生物及细胞保藏中心（German Collection of Microorganisms and Cell Cultures，Deutsche Sammlung von Mikroorganismen und Zellkulturen，DSMZ）

网址：https://www.dsmz.de/

4. 中国典型培养物保藏中心（China Center for Type Culture Collection，CCTCC）

网址：http://www.cctcc.org

5. 中国普通微生物菌种保藏管理中心（China General Microbiological Culture Collection Center，CGMCC）

网址：http://www.cgmcc.net/

6. 中国海洋微生物菌种保藏管理中心（Marine Culture Collection of China，MCCC）

网址：http://mccc.org.cn/

7. 国家水生动物病原库（National Pathogen Collection Center of Aquatic Animal，NPCCAA）

网址：http://apccma.shou.edu.cn

8. 中国医学细菌保藏管理中心（National Center for Medical Culture Collections，CMCC）

网址：http://www.cmccb.org.cn

9. 中国药学微生物菌种保藏管理中心（China Pharmaceutical Culture Collection，CPCC）

网址：http://www.cpcc.ac.cn/

10. 中国农业微生物菌种保藏管理中心（Agricultural Culture Collection of China，ACCC）

网址：http://www.accc.org.cn/

11. 中国林业微生物菌种保藏管理中心（China Forestry Culture Collection Center，CFCC）

网址：www.cfcc-caf.org.cn/

12. 中国工业微生物菌种保藏管理中心（China Center of Industrial Culture Collection，

CICC）

网址：http://www.china-cicc.org/

13. 生物资源保存及研究中心（Bioresources Collection and Research Center, BCRC）

网址：http://www.bcrc.firdi.org.tw/

14. 中国微生物菌种查询网（ the Inquiry network for microbial strains of China）

网址：http://www.biobw.org/

参 考 文 献

蔡晶晶.2013 药用微生物技术实训[M].南京：东南大学出版社.

程庆东.2014.病原生物学检验实验指导[M].杭州：浙江工商大学出版社.

丁正峰,薛晖,夏爱军,等.2008.白斑综合征病毒在养殖克氏原螯虾中感染流行研究[J].南京农业大学学报,31(4)：129－133.

东秀珠,蔡妙英.2001.常见细菌系统鉴定手册[M].北京：科学出版社.

董雪红,田敏,季策,等.2016.两种 LD_{50} 计算方法对副溶血弧菌毒力的比较研究[J].上海海洋大学学报,25(1)：86－96.

樊景凤,李光,王斌,等.2007.间接免疫荧光抗体技术检测凡纳滨对虾红体病病原——副溶血弧菌[J].海洋环境科学,26(6)：501－503.

范丽梅.2012.微生物学与免疫学实验[M].杭州：浙江大学出版社.

高海春,吴根福.2015.微生物学实验简明教程[M].北京：高等教育出版社.

黄灿华,Bona.1999.对虾白斑综合征杆状病毒体内增殖模型的建立[J].中国病毒学,14(4)：358－363.

李瑜梅.2008.药学微生物实用技术[M].北京：中国医药科技出版社.

凌云,肖智杰,连宾.2007.胶质芽孢杆菌荚膜染色方法的比较与改进[J].南京师范大学学报(自然科学版),30(4)：84－89.

凌云,肖智杰,连宾.胶质芽孢杆菌荚膜染色方法的比较与改进[J].南京师范大学学报(自然科学版),2007,30(4)：84－88.

刘静.2013.动物微生物学[M].银川：阳光出版社.

刘宗晓,刘荭,江育林.2006.锦鲤疱疹病毒病的研究进展[J].检验检疫科学,16(4)：77－80.

吕厚东,李秀真.2016.医学微生物学实验与学习指导[M].济南：山东科学技术出版社.

孟庆峰,刘阳,刘金华,等.2012.锦鲤疱疹病毒双基因检测方法的研究[J].中国预防兽医学报,34(1)：53－55.

农业部渔业渔政管理局,全国水产技术推广总站.2015.水生动物防疫标准汇编[M].北京：中国农业出版社.

沈萍,陈向东.2007.微生物学实验(第4版)[M].北京：高等教育出版社.

石超,吕长鑫,冯叙桥,等.2014.酶联免疫吸附技术在食品检测分析中的研究进展[J].食品安全质量检测学报,5(10)：3269－3275.

谭瑶,赵清.2010.K－B 纸片扩散法药敏试验[J].检验医学与临床,7(20)：2290－2291.

王玉炯,祁元明.2016.免疫学原理与技术[M].北京：高等教育出版社.

魏静,陆承平,杨丛海.1998.用对虾的致病病毒人工感染克氏原螯虾[J].南京农业大学学报,21(4)：78－82.

徐宜为.1979.免疫检测技术(第2版)[M].北京：科学出版社.

许丽娟,刘红,魏小武.2018.微生物菌种的保藏方法[J].现代农业科技,16：99－101.

杨海智,马海霞,杨信东.2012.国内关于半数致死量及类似生物效应指标测算方法研究进展[J].国外医药(抗生素分册),02：62－66.

姚火春.2002.兽医微生物学实验指导[M].北京：中国农业出版社.

张凤萍,王印庚,李胜忠,等.2008.应用 PCR 方法检测刺参腐皮综合征病原—灿烂弧菌[J].海洋水产研究,29(5)：100－106.

赵光军,李高俊,佟延南,等.2018.罗非鱼无乳链球菌间接 ELISA 检测方法的建立[J].现代农业科技,6：213－215,219.

中华人民共和国国家质量监督检验检疫总局.致病性嗜水气单胞菌检验方法 GB/T 18652—2002. 2002－02－09 发布 2002－05－01 实施.

中华人民共和国农业部.鲤疱疹病毒检验方法 SC/T 7212.1－2011.2011－09－01 发布 2011－12－01 实施.

周德庆.2013.微生物学实验教程(第 3 版)[M].北京：高等教育出版社.

周宁,张建新,樊明涛,等.2012.细菌药物敏感性实验方法研究进展[J].食品工业科技,33(9)： 459－464.

Aguilera Eduardo, Yany Gabriel, Romero Jaime. 2013. Cultivable intestinal microbiota of yellowtail juveniles (*Seriola lalandi*) in an aquaculture system[J]. Latin American Journal of Aquatic Research, 41(3)： 395－403.

Chi Z, Liang W, Zhang W, et al. 2016. Characterization of a metalloprotease involved in Vibrio splendidus, infection in the sea cucumber, Apostichopus japonicus[J]. Microbial Pathogenesis, 101： 96－103.

Ding Z F, Yao Y F, Zhang F X, et al. 2015. The first detection of white spot syndrome virus in naturally infected cultured Chinese mitten crabs, *Eriocheir sinensis*, in China[J]. Journal of Virological Methods, 220： 49－54.

Dunkelberg W E. 1981. Kirby-Bauer Disk Diffusion Method[J]. American Journal of Clinical Pathology, 75(2)： 273.1－273.

Escobedobonilla C M, Aldaysanz V, Wille M, et al. 2008. A review on the morphology, molecular characterization, morphogenesis and pathogenesis of white spot syndrome virus.[J]. Journal of Fish Diseases, 31(1)： 1－18.

Fuenzalida L, Hernández C, Toro J, et al. 2006. *Vibrio parahaemolyticus* in shellfish and clinical samples during two large epidemics of diarrhoea in southern Chile[J]. Environmental Microbiology, 8(4)： 675－683.

García K, Torres R, Uribe P, et al. 2009. Dynamics of clinical and environmental *Vibrio parahaemolyticus* strains during seafood-related summer diarrhea outbreaks in southern Chile[J]. Applied and Environmental Microbiology, 75(23)： 7482－7487.

Gu B, Zhang Z, Li Y P, et al. 2009. Summary of median lethal dose and its calculation methods[J]. China Occupational Medicine, 36(6)： 507－508.

James L. Van Etten. 2008. Lesser known large dsDNA viruses[M]. Springer-Verlag Berlin and Heidelberg GmbH & Co. KG.

Koike S, Handa Y, Goto H, et al. 2010. Molecular monitoring and isolation of previously uncultured bacterial strains from the sheep rumen[J]. Applied and Environmental Microbiology, 76(6)： 1887－1894.

Miyazaki T, Kuzuya Y, Yasumoto S, et al. 2008. Histopathological and ultrastructural features of Koi herpesvirus (KHV)-infected carp Cyprinus carpio, and the morphology and morphogenesis of KHV [J]. Diseases of Aquatic Organisms, 80(1)： 1－11.

Nedoluha PC, Owens S, Russek-Cohen E, et al. 2001. Effect of sampling method on the representative recovery of microorganisms from the surfaces of aquacultured finfish[J]. Journal of Food Protection, 61(10)： 1515－1520.

Ray A, Roy T, Mondal S, et al. 2010. Identification of gut-associated amylase, cellulase and protease-producing bacteria in three species of Indian major carps[J]. Aquaculture Research, 41(10)： 1462－1469.

Van Etten J L. 2009. Lesser Known Large dsDNA Viruses[M]. Springer-Verlag Berlin and Heidelberg

Gmb H & Co. KG.

West C K G, Klein S L, Lovell C R. 2013. High frequency of virulence factor genes tdh, trh, and tlh in *Vibrio parahaemolyticus* strains isolated from a pristine estuary[J]. Applied and Environmental Microbiology. 79(7): 2247 - 2252.

Westerfield M. 2000. The zebrafish book: a guide for the laboratory use of zebrafish (*Danio rerio*)[M]. Oregon: University of Oregon Press.

Xiao N, Li B, Liu X, et al. 2014. Etiologic characteristics of *Vibrio parahaemolyticus* strains causing outbreaks and sporadic cases in Guangdong [J]. Chinese Journal of Epidemiology, 35(12): 1379 - 1383.

Yang H Z, Ma H X, Yang X D. 2012. Current research progress on the calculation methods of LD50 and similar biological effect indicators [J]. World Notes on Antibiotics, 33(2): 62 - 66.